essentials

Essentials liefern aktuelles Wissen in konzentrierter Form. Die Essenz dessen, worauf es als „State-of-the-Art" in der gegenwärtigen Fachdiskussion oder in der Praxis ankommt. Essentials informieren schnell, unkompliziert und verständlich

- als Einführung in ein aktuelles Thema aus Ihrem Fachgebiet
- als Einstieg in ein für Sie noch unbekanntes Themenfeld
- als Einblick, um zum Thema mitreden zu können

Die Bücher in elektronischer und gedruckter Form bringen das Expertenwissen von Springer-Fachautoren kompakt zur Darstellung. Sie sind besonders für die Nutzung als eBook auf Tablet-PCs, eBook-Readern und Smartphones geeignet.

Essentials: Wissensbausteine aus den Wirtschafts, Sozial- und Geisteswissenschaften, aus Technik und Naturwissenschaften sowie aus Medizin, Psychologie und Gesundheitsberufen. Von renommierten Autoren aller Springer-Verlagsmarken.

Wolfgang Osterhage

Ursprünge aller Energiequellen

Alle nutzbare Energie kommt aus atomaren und kernphysikalischen Prozessen

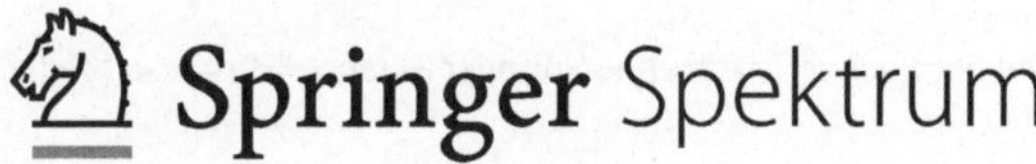

Dr. Wolfgang Osterhage
Frankfurt a. M.
Deutschland

ISSN 2197-6708   ISSN 2197-6716 (electronic)
essentials
ISBN 978-3-658-09107-1   ISBN 978-3-658-09108-8 (eBook)
DOI 10.1007/978-3-658-09108-8

Die Deutsche Nationalbibliothek verzeichnet diese Publikation in der Deutschen Nationalbibliografie; detaillierte bibliografische Daten sind im Internet über http://dnb.d-nb.de abrufbar.

Was Sie in diesem Essential finden können

- Die Rückführung aller nutzbaren Energieformen auf wenige physikalische Grundprozesse
- Die Grundlagen der Atom- und Kernphysik
- Die Urquellen für dezidierte Energieträger

Vorwort

Das vorliegende Essential ist das zweite in einer Reihe von dreien zur Energiewende bzw. zu den Methoden der Energieumwandlung. Das vorausgegangene unter dem Titel „Energie ist nicht erneuerbar" setzte sich mit Energiebilanzen und den wichtigsten physikalischen Grundlagen auseinander. In diesem Beitrag wird gezeigt, dass sich jegliche Form der Energiebereitstellung bzw. -umwandlung letztendlich auf atom- und kernphysikalische Ursachen zurückführen lässt. Dazu wird eine Einführung in die atom- und kernphysikalischen Grundlagen gegeben. Auf dieser Basis werden anschließend die gängigen Verfahren der Energieumwandlung von Primär- in Sekundärenergien diskutiert.

Die Inhalte basieren auf eine Vorlesung im Wintersemester 2011/12 an der Johann Wolfgang von Goethe Universität Frankfurt/M. Die physikalischen Grundlagen finden sich auch bei Osterhage, „Studium Generale Physik, Springer, Heidelberg, 2013".

Das dritte Essential zu diesem Thema schließlich wird ein kurzes Kompendium der im Einsatz befindlichen Energie-Umwandlungstechnologien darstellen.

Wolfgang Osterhage

Inhaltsverzeichnis

Einleitung

Die beim Endverbraucher ankommenden Energieformen sind entweder Wärme oder Elektrizität. Die Verbrauchsgeräte interessieren sich nicht dafür, über welche Zwischenschritte diese Energieformen verwandelt wurden. Es gibt nun eine Reihe von Energieträgern, über die die letzte Umwandlungsstufe erreicht wird. Dazu werden gezählt:

- Fossile Brennstoffe
- Kernenergie
- Solarenergie
- Windkraft
- Wasserkraft
- Erdwärme
- Biomasse.

Man sollte meinen, diese Energieformen ließen sich nicht weiter zurückführen auf noch elementarere. Aber tatsächlich gibt es Urgründe, aus denen alle genannten Energieformen gespeist werden – nämlich atom- und kernphysikalische Prozesse. Wir werden das in einer Einzelfallbetrachtung in den folgenden Abschnitten nachweisen.

© Springer Fachmedien Wiesbaden 2015
W. Osterhage, *Ursprünge aller Energiequellen*, essentials,
DOI 10.1007/978-3-658-09108-8_1

1.1 Energetische Urquellen und Verkettung

Wir beziehen unsere Wärme aus zwei natürlichen Quellen:

- der Sonnenstrahlung und
- der Erdwärme.

Die Sonnenstrahlung ihrerseits speist sich aus den kernphysikalischen Vorgängen im Sonneninneren, der Kernfusion. Das Sonnenlicht wiederum wird durch An- und Abregung atomphysikalischer Vorgänge auf den Elektronenschalen der Sonnenatome erzeugt. Die Erdwärme ist das Ergebnis radioaktiven Zerfalls instabiler Elemente im Erdinnern, bzw. der Erdkruste.

Fossile Brennstoffe sind das Ergebnis der Umwandlung ursprünglich organischer Materie, die sich direkt aus der Photosynthese, einem atomaren Vorgang, bzw. in der animalischen Form letztendlich auch über die Nahrungskette auf pflanzliche Voraussetzungen zurückführen lassen. Das Gleiche gilt für Biomasse. Windkraft und Wasserkraft letztendlich sind das Ergebnis von Massenströmen, die klimatisch bedingt und damit auf Sonneneinstrahlung zurück zu führen sind. Bleibt lediglich die Kernenergie, die nicht auf weitere Naturvorgänge reduziert werden kann.

In der Abb. 1.1 sind diese Verkettungen als Übersicht dargestellt.

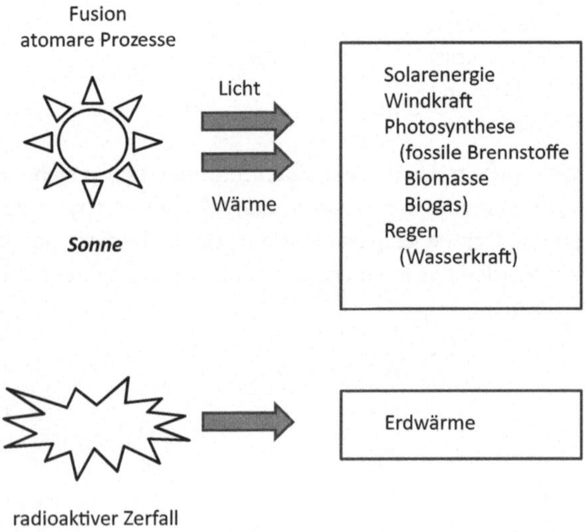

Abb. 1.1 Verkettung der Energieformen

Im Folgenden werden wir die Grundlagen der atom- und kernphysikalischen Prozesse kennenlernen. In den Abschnitten danach werden wir die bereits erwähnten Energieumwandlungsvorgänge für die einzelnen Energieformen jeweils in kurzer Form betrachten.

Atom- und kernphysikalische Grundlagen

2

2.1 Einleitung

Nachdem Einsichten über die Natur der elektromagnetischen Strahlung erste wichtige Impulse in Richtung einer neuen Theorie – der Quantentheorie – geliefert hatten, standen nach der Bahn brechenden Arbeit von Planck mit der Schwarzkörperstrahlung nicht viel später zwei weitere fundamentale Entdeckungen an. Dabei erweiterte sich der Horizont über die Strahlung hinaus auf Materieteilchen selbst.

Der so genannte Photoelektrische Effekt war um 1900 bereits von diversen Beobachtungen her bekannt: unter anderem wusste man, dass es dabei zur Herauslösung von Elektronen aus metallenen Oberflächen durch Lichtstrahlen kam. Eine schlüssige Erklärung dafür fehlte aber bis zum Jahr 1905. Klassisch wurde bis dahin der Effekt dadurch erklärt, dass man annahm, die Bestrahlungsstärke des einfallenden Lichts (also die Menge des einfallenden Lichtes pro Zeit und Fläche, gemessen in Watt pro Quadratmeter) würde irgendwann die Elektronen dazu zwingen, das Metall zu verlassen. Diese Erklärung deckte sich jedoch nicht mit den experimentellen Befunden.

Einsteins Erklärung basierte schließlich auf einer Annahme, die das – inzwischen als endgültig akzeptierte – Bild vom Licht als reine Welle wieder auf den Kopf stellte: seine Erklärung basierte auf der Grundannahme, dass Licht doch Teilchencharakter haben musste. Diese Teilchen nennt man heute Photonen. Damit war der Dualismus Welle-Korpuskel wiederbelebt worden – und zwar dieses Mal nicht in der Diskussion zweier unterschiedlicher Standpunkte, sondern als reale natürliche Erscheinung selbst.

© Springer Fachmedien Wiesbaden 2015
W. Osterhage, *Ursprünge aller Energiequellen*, essentials,
DOI 10.1007/978-3-658-09108-8_2

Dieser Dualismus wurde erneut bestätigt – und zwar fast zwanzig Jahre danach, durch die Streuexperimente von Compton. Auch seine Ergebnisse ließen sich nur durch den Teilchencharakter von Elektromagnetischen Wellen erklären.

Dass ein radikal neuer physikalischer Ansatz unumgänglich war, wurde schlussendlich auch dadurch deutlich, dass umgekehrt Materie, die man immer als Teilchen angenommen hatte, in optischen Anordnungen ihrerseits wiederum Wellencharakter zeigte. Der Begriff der Materiewellen war geboren. Diese Erkenntnisse machten eine Revision des klassischen Weltbildes unumgänglich. War man also am Beginn des 20. Jahrhunderts noch der Überzeugung, dass die elektromagnetischen Wellen, insbesondere Licht, durch ihren Wellencharakter hinreichend beschrieben werden konnten, während sich materielle Teilchen, wie Moleküle, Atome oder Elektronen, als Teilchen verstehen – also durch den Massenpunkt idealisieren ließen, so sorgten der lichtelektrische und der Compton-Effekt sowie die Entdeckung der Materiewellen dafür, dass dieses Weltbild ins Wanken geriet.

2.2   Der Photoeffekt

Eine erste Erwähnung fand der Photoeffekt durch Heinrich Hertz im Jahre 1886. Er trat als Nebenerscheinung bei seinen Experimenten mit Radiowellen auf. Sein Detektor meldete einen Anstieg von Signalen bei Bestrahlung seiner metallischen Funkenquellen durch UV-Licht. Hertz untersuchte das Phänomen aber nicht weiter.

Im Jahre 1888 beschäftigte Wilhelm Hallwachs sich als Nächster mit dieser Erscheinung. Dafür wählte er Zinkplatten aus, die elektrisch aufgeladen waren. Auch er setzte UV-Licht eine, wodurch die negative Ladung der Platten verloren ging.

Ein erster Durchbruch stellte sich ein, als Joseph J. Thomson 1899 nachwies, dass unter den gegebenen Bedingungen das bestrahlte Metall elektrische Ladungen aussandte. Die Träger dieser Ladung waren jene Elektronen, die er selbst erst im Jahre 1897 nachgewiesen hatte.

Erst Philipp von Lenard stellte 1902 noch genauere Untersuchungen an. Er variierte die Bestrahlung, die Oberflächen und Metalle. Zum ersten Male tauchten dabei Widersprüche zwischen der damals gängigen Theorie und der Beobachtung auf.

Fest stand, dass bei Bestrahlung metallischer Oberflächen durch Licht Elektronen freigesetzt werden. Andere Ladungsträger mit z. B. auch positiver Ladung wurden nicht identifiziert. Außerdem stellte man fest, dass die Anzahl der auf diese Weise erzeugten Elektronen mit der Bestrahlungsstärke des Lichts wuchs – also umso mehr Elektronen frei wurden, je mehr Licht auf eine Fläche fiel. Der Photo- oder lichteelektrische Effekt war damit entdeckt worden.

Obwohl also der Elektronenstrom proportional zur Bestrahlungsstärke wächst, gibt es keine Abhängigkeit zwischen letzterer und der Energie bzw. Geschwindigkeit der erzeugten Elektronen, was die klassische Theorie vermuten ließ: Mehr Licht erzeugt also nicht energetischere – oder: schnellere – Elektronen. Eine solche Abhängigkeit der Elektronengeschwindigkeit gibt es allerdings schon, allerdings besteht die Beziehung zwischen der ‚Farbe des Lichtes' – also der Frequenz der benutzten Strahlung – und den frei werdenden Elektronen. Im Folgenden noch einmal die Gegensätze zwischen damaliger Theorie und experimentellem Befund:

Theoretische Überlegungen
Lange wurde angenommen, Licht sei eine transversale elektromagnetische Welle. Ihre Geschwindigkeit sei c. Dann nahm man an:

- Die transportierte Energie wird an eine bestimmte Anzahl Elektronen abgegeben.
- Die Entstehung freier Elektronen erklärte man sich so: im Metall befinden sich freie Elektronen, die durch das elektrische Feld der Welle in Schwingungen geraten. Diese Schwingungen schaukeln sich sozusagen solange auf, bis sie die Bindungskräfte ihres Umfeldes überwinden können. Steigert man jetzt die Bestrahlungsstärke, so wächst die Anzahl emittierter Elektronen und deren kinetische Energie (Geschwindigkeit).
- Verringert man jedoch die Bestrahlungsstärke, so müsste sich bei der Elektronenerzeugung eine messbare Verzögerung einstellen, da ja die Herausbildung des erforderlichen Schwingungsvorgangs im Metall eine gewisse Zeit benötigen würde.

Experimenteller Befund
Die Experimente lieferten jedoch Ergebnisse, die der oben angeführten Theorie widersprachen:

- Zunächst hatte man eine niedrigste Frequenz ν_0 ermittelt. Unterhalb dieser Grenzfrequenz wurden keinerlei Elektronen mehr freigesetzt – ganz gleich bei welcher Bestrahlungsstärke des Lichts.
- Die Proportionalität zwischen Bestrahlungsstärke und Anzahl erzeugter Elektronen wurde bestätigt, nicht aber die Voraussage bezüglich der Abhängigkeit der Elektronengeschwindigkeit von dieser. Man erkannte, dass die Geschwindigkeit der Elektronen von der Lichtfrequenz abhing und durch ν minus der Grenzfrequenz ν_0 gegeben war. Die Bestrahlungsstärke spielte dabei überhaupt keine Rolle.

- Auch eine Zeitverzögerung bei der Erzeugung durch Strahlen niedriger Intensität konnte nicht beobachtet werden. Offensichtlich war der Photoeffekt ein spontanes Ereignis.
- Er ließ sich mit den Werkzeugen der klassischen Physik nicht mehr erklären.

Die Erklärung dieses Phänomens wurde von Albert Einstein geliefert. Er stellte folgende Beziehung her:

$$E_{kin}\,(\text{Elektronen}) = (m/2) * v^2 = h * \nu - \Phi \qquad (2.1)$$

mit m der Elektronenmasse, v der Elektronengeschwindigkeit, ν der Frequenz des Lichtes, h dem Planckschen Wirkungsquantum und Φ der so genannten Austrittsarbeit. Letztere ist eine für jedes Metall charakteristische Konstante. Die Größe ‚h * ν' wurde dabei als Energiepaket interpretiert; ein Paket von Energie des Lichtes, das an die Elektronen abgegeben wurde. War die Energie größer als die Arbeit, die es zum Auslösen der Elektronen brauchte, so konnten diese das Metall verlassen und besaßen den Rest des Energiepakets als kinetische Energie. Hiermit war ein Beweis erbracht, dass auch Licht in einzelnen Quanten, Photonen, in Erscheinung tritt. Damit ist gezeigt, dass elektromagnetische Wellen auch Teilchencharakter haben können.

Einstein griff bei seiner Deutung die Vorstellung von der Quantelung von Energie aus den Überlegungen zur Schwarzkörperstrahlung von Max Planck auf. Bekanntlich hatte dieser ja deren energetische Verteilung dadurch erklärt, dass er elektromagnetische Strahlung als aus diskreten Quanten bestehend auffasste, nach der Beziehung:

$$E = h\,\nu \qquad (2.2)$$

mit ν der Strahlungsfrequenz und h dem bekannten Plankschen Wirkungsquantum.

Unter diesem Ansatz der Planckschen Quantenhypothese folgerte Einstein, dass es eine kontinuierliche Verteilung des Lichts im Raum nicht geben kann, sondern Licht sich immer in diskreten Paketen ausbreitet. Damit ging er einen Schritt weiter als Planck, der die Einführung gequantelter Pakete nur als theoretisches Konstrukt betrachtet hatte. Die Verteilung von gequanteltem Licht im Raum ließ den Schluss zu, dass Licht Teilchencharakter haben musste. Diese Teilchen bezeichnete Einstein als Photonen. Deren Energie lässt sich dann folgendermaßen ausdrücken:

$$E_{Photon} = h\,\nu = hc/\lambda \qquad (2.3)$$

mit λ der Wellenlänge des Lichts und c seiner Geschwindigkeit.

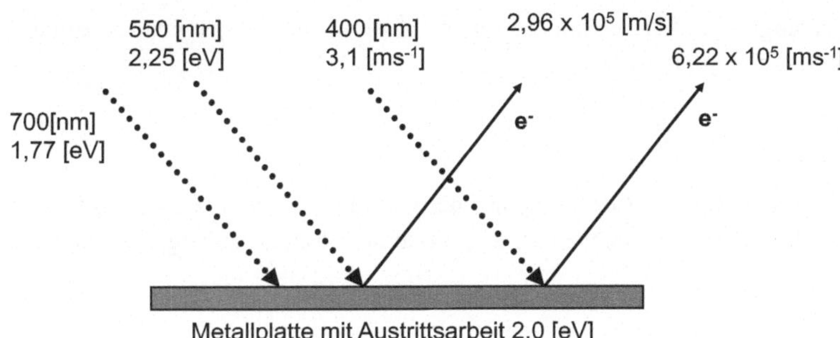

Abb. 2.1 Austrittsarbeiten und Energien

Der äußerer Photoeffekt Mit seinen hypothetischen Annahmen konnte Einstein den Photoeffekt nun, wie oben bereits kurz skizziert, folgendermaßen erklären:

Beim Auftreffen eines Photons auf eine metallene Oberfläche wird die Energie nach Gl. 2.3 von einem Elektron aufgefangen, ohne dass eine Zeitverzögerung eintritt (die Wahrscheinlichkeit für eine Absorption zweier Photonen durch ein einzelnes Elektron ist vernachlässigbar). Durch diese Energieübertragung wird das Elektron freigesetzt – und zwar nur dann, wenn $E\_Photon > \Phi$, wenn also die Energie zum Auslösen aus dem Oberflächenverband ‚ausreicht'. Aus der Differenz zwischen E_Photon und Φ ergibt sich dann die resultierende kinetische Energie – also die Geschwindigkeit – des Elektrons.

Abbildung 2.1 zeigt eine Metallplatte, die mit monochromatischem Licht bestrahlt wird. D. h. alle Photonen besitzen dieselbe Energie. Demnach müssten auch alle emittierten Elektronen dieselbe kinetische Energie haben. Durch Steigerung der Lichtintensität können wir jetzt den Elektronenstrom ebenfalls erhöhen.

Ändern wir jetzt allerdings die Frequenz des einfallenden Lichts, ändert sich auch die Geschwindigkeit der freigesetzten Elektronen, was Einsteins Theorie bestätigt.

Bei Frequenzen unterhalb der materialspezifischen Grenzfrequenz v_0 erreicht das Elektron die erforderliche Austrittsarbeit nicht – selbst wenn die Strahlungsintensität – also die Menge der Photonen, die pro Zeiteinheit auf die Oberfläche fallen – erhöht wird. Somit lässt sich das Äquivalent zwischen Austrittsarbeit und Grenzfrequenz folgendermaßen ausdrücken:

$$h\,v_0 = \Phi \qquad (2.4)$$

Man kann die Elektronenenergie übrigens dadurch messen, dass man die Elektronen in ein elektrisches Bremsfeld laufen lässt, das z. B. durch einen Kugelkonden-

sator erzeugt wird. Variiert man in einem solchen Feld die Spannung U, erhält man
folgende Abhängigkeit:

$$U \sim E_{kin}/e \qquad (2.5)$$

Wird U größer als der Ausdrucke auf der rechten Seite von Gl. 2.5, so fließt kein
Strom, da Elektronen nicht mehr auf die äußere Schale gelangen können. Dann
gilt:

$$eU = h\nu - \Phi \qquad (2.6)$$

Stellt man sich die Spannung bildhaft vor wie eine geneigte Ebene im Raum,
so wird die Steigung dieser Ebene also irgendwann so steil, dass die Elektronen
nicht mehr bis zum Ende dieser Rampe hinauf laufen können. Aus der Neigung
der Rampe (der Spannungsmessung) kann man dann auf die Geschwindigkeit der
Elektronen schließen.

Betrachten wir den Photoeffekt noch einmal detaillierter: zunächst wird das
Photon durch die Elektronenhülle des Atoms absorbiert. Seine Energie wird einem
der Elektronen mitgegeben. Dieses Elektron gelangt somit entweder auf eine höhere erlaubte Quantenbahn oder verlässt seinen Verband direkt. Dabei hängt die
Bindungsenergie des Elektrons sowohl von der Kernladungszahl des Elements als
auch von der Schalenposition des Elektrons ab. Überschreitet die Photonenenergie
jetzt die Bindungsenergie B eines Elektrons, errechnet sich die kinetische Energie
wie folgt:

$$E_{kin} = h\,\nu - B \qquad (2.7)$$

Das bisher beschriebene Szenario betraf den so genannten ,äußeren Photoeffekt'
(s. Abb. 2.2) – während man das Anheben von Elektronen auf höhere Schalen
durch die Absorption von Photonen als den ,inneren Photoeffekt' bezeichnet.

Der Innere Photoeffekt Auch unterhalb der Grenzfrequenz spielt sich ein phy-
sikalisches Geschehen in der Hülle eines Atoms ab. Wir betrachten hier also den
Fall, dass die Photonenenergie nicht ausreicht, die Bindungsenergie eines Elektrons zu kompensieren. Die infrage kommende Photonenfrequenz kann aber dennoch das Elektron in einen angeregten Zustand versetzen, d. h. auf eine höhere
Schale heben, ohne es vollständig aus seiem Verbund zu lösen. In Metallen befinden sich solche angeregten Zustände im so genannten Leitungsband, innerhalb
dessen Strom fließt. Man kann dieses Phänomen, das man den inneren Photoeffekt
nennt, in der Photovoltaik oder für Sensoren einsetzen.

Abb. 2.2 Photoeffekt

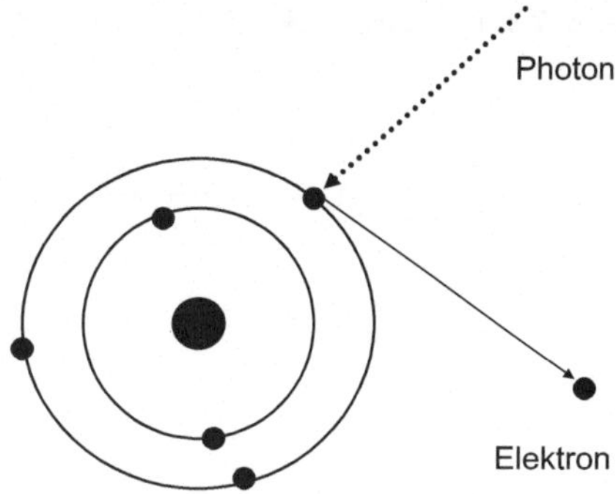

Tab. 2.1 Austrittsarbeiten. (Quelle: V. Peinhart et al., „Der photoelektrische Effekt", Universität Graz 2004)

Element	Φ [eV]	λ_0 [nm]
Li	2.46	504
Na	2.28	543
K	2.25	551
Rb	2.13	582
Cs	1.94	639
Cu	4.48	277
Pt	5.36	231

Die Tab. 2.1 gibt Austrittsarbeiten Φ und Grenzwellenlängen λ_0 einiger Metalle wieder.

2.3 Der Compton-Effekt

Über den photoelektrischen Effekt haben wir erfahren, dass Licht nicht nur als Welle, sondern unter Umständen auch in einzelnen Quanten, Photonen – z. B. bei der Absorption durch ein Atom – in Erscheinung tritt. Damit war gezeigt, dass elektromagnetische Strahlung auch Teilchencharakter haben kann. Ein weiterer klarer Beweis dafür ist der Compton-Effekt, bei dem ein eingehendes Photon ein Elektron aus seinem atomaren Verbund löst, indem es in einem Streuprozess Energie und Impuls auf diese Elektron überträgt. Auch dieser Versuch unterstrich in seiner

Abb. 2.3 Compton-Effekt

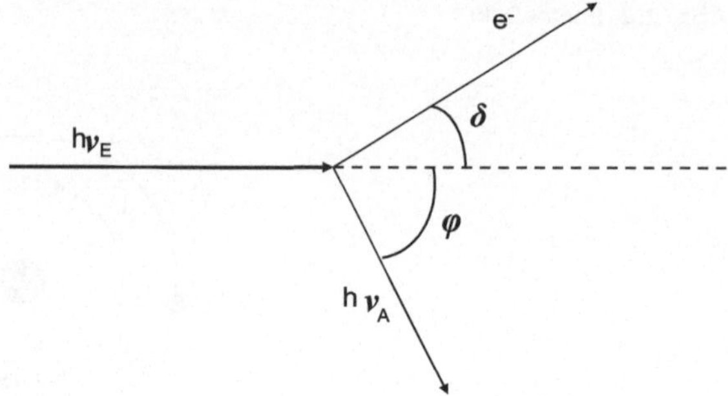

Eindeutigkeit den Teilchen- und Wellencharakter elektromagnetischer Strahlung. Arthur Compton machte ihn im Jahre 1922.

Dabei ließ er hochfrequente Röntgenstrahlung auf ein Target aus Graphit fallen. Im Zuge seiner Messungen entdeckte er eine seitlich austretende Streustrahlung (s. Abb. 2.3).

Das Spektrum dieser abgelenkten Strahlung zeigte zwei Spitzen: eine Linie bezog sich auf die ursprüngliche Eingangswellenlänge, die andere war nach längeren Wellen verschoben und befand sich im Abstand $\Delta \lambda$ von der ersten Linie. Dieser Abstand vergrößerte sich, wenn auch der Beobachtungswinkel in der Anordnung vergrößert wurde (s. Abb. 2.4). Die Wellentheorie konnte wie beim Photoeffekt diese Ergebnisse ebenfalls nicht erklären.

Nimmt man hingegen wiederum den Teilchencharakter von elektromagnetischer Strahlung an, so gibt es folgende Deutung: ein Lichtquant stößt mit einem Elektron der Hülle des Graphitatoms zusammen, überträgt Energie und Impuls auf letzteres und wird anschließend wie beim klassischen elastischen Stoß selber abgelenkt. In Gleichungen ausgedrückt:

$$h\nu_E = h\nu + (m_e/2)v^2 \tag{2.8}$$

für die Energieerhaltung mit $h\nu_E$ die Eingangsfrequenz, $h\nu$ die Ausgangsfrequenz, m_e die Elektronenmasse und v die Elektronenaustrittsgeschwindigkeit.

$$h\nu_0/c = h\nu\cos \varphi/c + m_e v \cos \delta \tag{2.9}$$

$$0 = h\nu\sin \varphi/c + m_e v \sin \delta \tag{2.10}$$

Abb. 2.4 Änderung des
Beobachtungswinkels

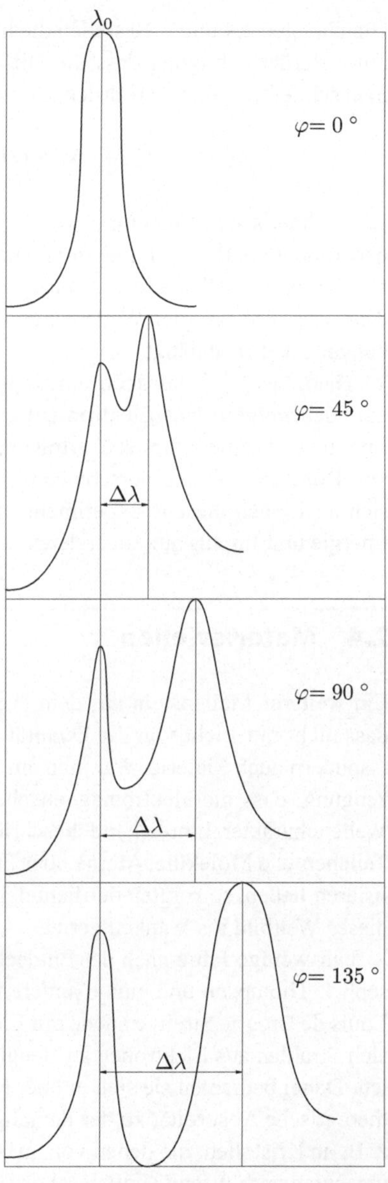

Gleichungen 2.9 und 2.10 stellen die Impulserhaltung dar. Durch Umrechnung und unter Berücksichtigung dass die Differenz zwischen ν_E und ν klein ist, erhält man schließlich einen Ausdruck für die Wellenlängendifferenz:

$$\Delta \lambda = (2h/m_e c) \sin^2 \varphi/2 \qquad (2.11)$$

Die rechnerischen Ergebnisse nach 2.11 bestätigten in eindruckvollster Weise die experimentelle Beobachtung. $h/m_e c$ hat die Dimension einer Länge. Sie wird auch als Compton-Wellenlänge λ_e eines Elektrons bezeichnet. Zu ergänzen sei noch, dass $\Delta \lambda$ nicht von der Wellenlänge der Eingangsfrequenz, sondern vom Ablenkungswinkel ϕ abhängt.

Theoretisch gibt es auch einen „umgekehrten" Compton-Effekt. Dabei sollte ein hochenergetisches Elektron auf ein niederenergetisches Photon treffen, seine Energie und seinen Impuls übertragen, und so z. B. sichtbares Licht in den Bereich von Röntgenstrahlung verschieben. Als wichtiges Ergebnis ist festzuhalten, dass sich auch nach diesem Experiment Licht wie Teilchen verhalten kann, indem es Energie und Impuls auf ein anderes Teilchen überträgt.

2.4   Materiewellen

Ein weiterer Meilenstein auf dem Weg zur Quantentheorie war die Entdeckung, dass nicht nur Licht von der Dualität zwischen Welle und Teilchen betroffen war – sondern auch Materie. War man am Beginn des 20. Jahrhunderts noch der Überzeugung, dass die elektromagnetischen Wellen, insbesondere Licht, durch ihren Wellencharakter hinreichend beschrieben werden konnten, während materielle Teilchen wie Moleküle, Atome oder Elektronen sich durch den Massenpunkt idealisieren ließen, so sorgten der lichtelektrische und der Compton-Effekt dafür, dass dieses Weltbild ins Wanken geriet.

Nur wenige Jahre nach der Entdeckung des Compton-Effekts unternahmen Joseph J. Thompson und einige andere Physiker nach theoretischer Vorarbeit durch Louis de Broglie Streuversuche mit Elektronenstrahlen – sie wollten also sehen, ob sich Strahlen aus Elektronen an Beugungsgittern ähnlich verhielten wie Lichtwellen. Dabei bedienten sie sich dünner Metallfolien. Was sie beobachteten, war eine theoretische Absurdität zu der damaligen Zeit. Sie sahen Beugungserscheinungen z. B. an Kristallen, die denen von an Spaltgittern gebeugter Röntgenstrahlung verursachten verblüffend ähnlich sahen (Abb. 2.5).

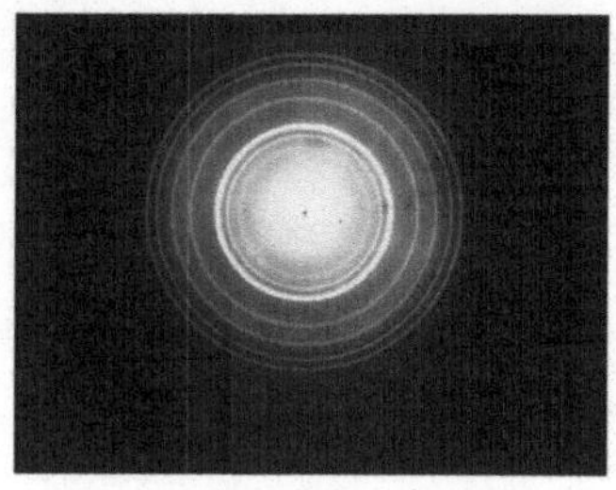
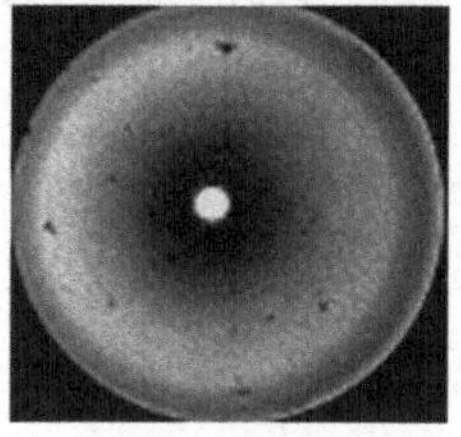

Elektronen   Röntgenstrahlung

Abb. 2.5 Beugungserscheinungen

Es schien also, als würden Elektronen – wie Lichtwellen – einander auslöschen oder verstärken können, je nach Beugungswinkel – denn nur so konnte man sich das charakteristische Bild aus hellen und dunklen Bereichen auf dem Auffangschirm erklären. Nach den Erfahrungen mit dem Photo- und dem Compton-Effekt gab es folglich nur eine mögliche Erklärung für dieses Phänomen: Elektronen mussten neben ihrer Teilchen- ebenfalls eine Wellennatur besitzen. Dafür wurde der Begriff der Materiewelle eingeführt. Verhielten sich Teilchenstrahlen unter bestimmten Bedingungen wie Wellen, so mussten sie sich durch Wellencharakteristika beschreiben lassen. So ergibt sich z. B. für ihre Wellenlänge:

$$\lambda = h/p = h/(m \cdot v) \tag{2.12}$$

mit p dem Impuls. Nehmen wir jetzt für die Elektronengeschwindigkeit

$$e \cdot U = (m/2) \cdot v^2 \tag{2.13}$$

mit U der Beschleunigungsspannung, erhält man eine Beziehung zwischen der Spannung und der Wellenlänge. So ergibt sich beispielsweise für 10.000-Volt-Elektronen eine Wellenlänge $\lambda = 1{,}2 \cdot 10^{-9}$ [cm]. Das entspricht der Wellenlänge harter Röntgenstrahlung. Später fand man heraus, dass sich neben Elektronenstrahlen auch solche für Atome oder Neutronen und andere Teilchen erzeugen ließen.

Damit waren eindeutige Nachweise erbracht, dass auch materielle Teilchen Wellenphänomene besitzen können. Wir haben also das mehrfach auftretende Phänomen, dass sowohl elektromagnetische Strahlung als auch Materie Wellen- und Teilcheneigenschaften haben können – je nach der experimentellen Anordnung, mit der sie untersucht werden. Sowohl für materielle Teilchen als auch für Strahlung gibt es dabei scheinbar kein Entweder-Oder, sondern immer nur ein Sowohl-als-auch. Die Erscheinungen sind also komplementär.

2.5 Atommodelle

Die Entdeckungen der Radioaktivität, des Elektrons als neues atomares Teilchen und viele andere Phänomene regten immer mehr Forscher dazu an, sich mit einem bis dahin als obskur angesehenen Gegenstand der Physik zu befassen: dem Aufbau des Atoms. Die frühesten Modelle wurden von Thomson entwickelt und dann von Rutherford verfeinert, bis die gelungene Kombination der Planckschen Quantentheorie mit den Ergebnissen von Spektralanalysen durch Niels Bohr zu einem tragbaren Modell führten, welches das Denken in klassischen physikalischen Kategorien jedoch radikal verändern sollte.

Wir werden uns zunächst mit diesen Modellen auseinandersetzen, dann den Bezug zu spektroskopischen Untersuchungen herstellen und schließlich die Quantenzahlen einführen. Danach dringen wir tiefer in die atomaren Strukturen ein und werden zwei Modelle für den Atomkern selbst kennen lernen. Wir werden uns mit dem Phänomen der Radioaktivität auseinandersetzen, von den Neutrinos hören und erste Bezüge zur Teilchenphysik aufstellen.

Frühe Atommodelle Bohrs Ausarbeitung basiert auf drei Vorarbeiten:

- dem Atommodell von Thomson
- dem Atommodell von Rutherford und
- dem Papier von Max Planck über die Energieverteilung des schwarzen Strahlers

Hatte man früher die Unteilbarkeit von Atomen postuliert (atomos = gr. unteilbar), so bezieht sich diese Bezeichnung heute nur noch auf die chemischen Eigenschaften der Atome. Mit den Entdeckungen zu Beginn des 20. Jahrhunderts kam jedoch die Erkenntnis auf, dass Atome eine dezidierte Struktur haben mussten und man sie sich nicht als kompakte Massekügelchen vorstellen konnte.

Joseph J. Thomson entwickelte im Jahre 1903 ein Modell, nachdem ein Atom eine gleichmäßig verteilte, positiv geladene Masse besitzt, innerhalb derer sich auch Elektronen befinden. Im Grundzustand erfolgt die Verteilung der Elektronen mit einem Minimum von potentieller Energie. Werden die Elektronen jetzt angeregt, so geraten sie in Schwingung.

Eine Erkenntnis, die dieses Bild weiter entwickelte, war die Tatsache, dass dünne Metallschichten für schnelle Elektronen transparent sind. Das war ein Hinweis darauf, dass Atome nicht zum größten Teil gefüllt sein konnten, sondern zum großen Teil aus leerem Raum bestehen. Da sie aber dennoch Masse haben, muß sich diese in ihrem Zentrum konzentrieren. Dort würden dann auch die Kräfte generiert, die als Elektromagnetismus bekannt sind.

Aus theoretischen Überlegungen heraus – zusammen mit experimentellen Ergebnissen – leitete Ernest Rutherford für den Atomkern einen Durchmesser von 10^{-12} bis 10^{-13} cm und für den wirksamen Radius des Atoms etwa 10^{-8} cm ab. Da Atome prinzipiell zunächst elektrisch neutral sind, mußte die Zahl der den Kern umkreisenden Elektronen gleich sein zu der angenommenen positiven Kernladungszahl. Die Kernladungszahl Z entspricht damit der Elektronenzahl des Atoms. Diese Zahl ist wiederum identisch mit der so genannten Ordnungszahl im Periodischen System der Elemente.

Im Rutherfordschen Atommodell geht man also davon aus, dass es einen Atomkern gibt, um den Elektronen in einem gewissen Abstand kreisen. Deren Zentrifugalkraft – so das Modell – neutralisiert die Coulombsche Anziehungskraft zwischen negativ geladenen Elektronen und positiver Kernladung, so dass die Elektronen stabil auf ihren Bahnen kreisen können und weder fortfliegen noch in den Kern stürzen. Das Hauptproblem dieses Modells besteht jedoch darin, dass es sich dabei um einen elektrischen Dipol handeln müsste – eine schwingende Ladung, bei der manchmal die negative Ladung auf der einen, manchmal auf der anderen Seite der positiven auftauchen würde – , der kontinuierlich Energie abstrahlen würde mit der Folge, dass die Atome nach kurzer Zeit instabil würden. Es gab also bekanntermaßen ein Problem dieses Atommodells.

Zwischenzeitlich war enormer Fortschritt gemacht worden bei der Analyse von Absorptions- und Emissionsspektren von Atomen und Molekülen. Weiter unten in diesem Kapitel werden wir die Klassifizierung solcher Spektren behandeln. Sie bilden die Grundlage für das Atommodell von Niels Bohr.

Bohr folgerte aus der Existenz stabiler Atome, dass es mindestens gewisse Elektronenbahnen geben müsse, auf denen Elektronen im Gegensatz zu den Folgerungen der klassischen Elektrodynamik strahlungslos umlaufen können (s. Abb. 2.6). Jeder dieser ausgezeichneten Quantenbahnen entspräche ein bestimmter Energiezustand E. Dabei wäre die Quantenbahn mit dem kleinsten Radius diejenige des Atoms im Grundzustand. Will man das Elektron nun auf einer weiter außen gelegenen Bahn bringen, müsste dafür Anregungsenergie eingebracht werden. Gelingt dieses, springt das Elektron nach einer extrem kurzen Zeit (10^{-8} s) wieder auf eine Bahn zurück, die energetisch niedriger ist. Dabei wird Energie frei, die als Spektrallinie mit der Frequenz ν emittiert wird:

Abb. 2.6 Bohrsches Atommodell

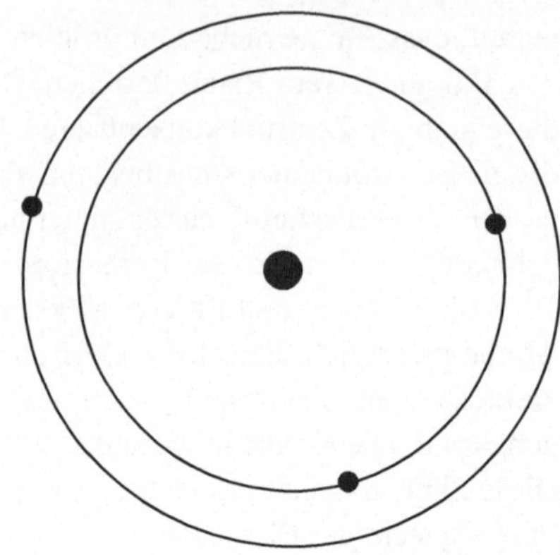

$$E_a - E_c = h \cdot \nu \tag{2.14}$$

mit E_a der Energie der höheren Umlaufbahn und E_c derjenigen der niedrigeren. Das frei werdende Energiepaket (Photon) mit der Energie $E = h \cdot \nu$ kann dann registriert werden und ist charakteristisch für jeden Bahnübergang. Bohr setzte als Kriterium für die erlaubten Quantenbahnen folgende Beziehung:

$$2\,\pi r\ m\ v = n\ h \text{ mit } n = 1, 2, 3, \dots \tag{2.15}$$

Es ist offensichtlich, dass eine immer höher getriebene Anregung eines Atomelektrons schließlich zu dessen völliger Abtrennung vom Atom führen muss, sodass diese Grenzenergie gleich der Ionisierungsenergie des Atoms sein muss.

▶ Ein Ion ist ein negativ oder positiv geladenes Atom oder Molekül (eine chemische Verbindung zwischen zwei oder mehreren Atomen), dem entweder Elektronen fehlen, oder welches über einen Überschuss von Elektronen verfügt.

Das Bohrsche Atommodell wurde später ersetzt durch die Quantenmechanik von Schrödinger und Heisenberg, auf die wir noch zu sprechen kommen werden, war aber unerlässliche Grundlage für diese Weiterentwicklungen.

Spektren Wie bereits ausgeführt, haben Erkenntnisse aus der Spektroskopie wesentlich die Theorie des Atommodells beeinflusst. Man unterscheidet hierbei zwischen Absorptions- und Emissionsspektren. Der sichtbare Unterschied zwischen diesen besteht im Auftreten von Absorptionsspektren als helle Bänder bzw.

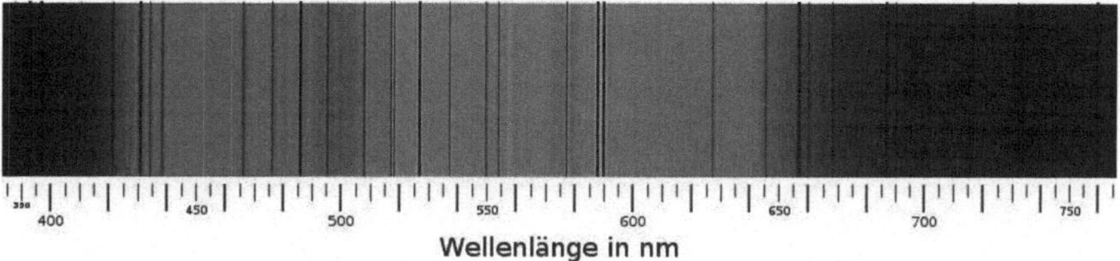

Abb. 2.7 Absorptionsspektrum

Linien auf dunklem Grund (s. Abb. 2.7), während Emissionsspektren dunkel auf hellem Grund sichtbar werden. Bei Absorptionsspektren untersucht man beispielsweise weißes Licht – also Licht, das aus vielen Frequenzen zusammengesetzt ist –, das durch ein Gas zum Beobachter dringt. Einige Frequenzen aus dem weißen Licht werden vom Gas absorbiert und anschließend wieder – allerdings in alle Richtungen – re-emittiert. Das Licht, das der Beobachter empfängt, ist also in allen Frequenzen sehr stark – außer in denjenigen, die absorbiert und in alle Richtungen gestreut wurden. Diese Frequenzen werden daher als schwarze Bänder – Fehlstellen – im Spektrum aufgezeichnet. Welche Frequenzen vom Gas absorbiert werden, ist für das Gas charakteristisch. Emissionsspektren entstehen, wenn Materialien charakteristische Frequenzen ausstrahlen, ohne dass sie vorher von anderem Licht bestrahlt wurden. Diese Frequenzen werden dann als helle Bänder registriert. Heiße Körper haben beispielsweise charakteristische Emissionsspektren.

Es werden schließlich noch Linien-, Banden- und kontinuierliche Spektren unterschieden. Dabei werden Linienspektren stets von Atomen emittiert bzw. absorbiert, während für Bandenspektren stets Moleküle von Materialien (also größere Mengen von Atomen) zuständig sind.

Wir wollen zur Verdeutlichung nun ein relativ einfaches Spektrum betrachten – das des Wasserstoffatoms. Der Atomkern des Wasserstoffs ist in seiner einfachsten Form ein Proton, umgeben von einer Hülle, bestehend aus einem Elektron.

Bei der Analyse des Spektrums eines Wasserstoffatoms stellt man fest, dass es keinem willkürlichen Muster folgt, sondern anscheinend bestimmten Gesetzmäßigkeiten. Dabei wird klar, dass das Spektrum einer Serie folgt. Johann Jakob Balmer beschäftigte sich als erster mit einer solchen Serie, deren ersten vier Linien später nach ihm benannt wurden, die Balmer-Serie (Abb. 2.8 und 2.9).

Für alle Elemente gibt es entsprechende Serien. Zur besseren Klassifizierung wurde die Wellenzahl eingeführt:

$$\overline{\nu} = 1/\lambda \, [\mathrm{cm}^{-1}] \tag{2.16}$$

Abb. 2.8 Wasserstoffatom

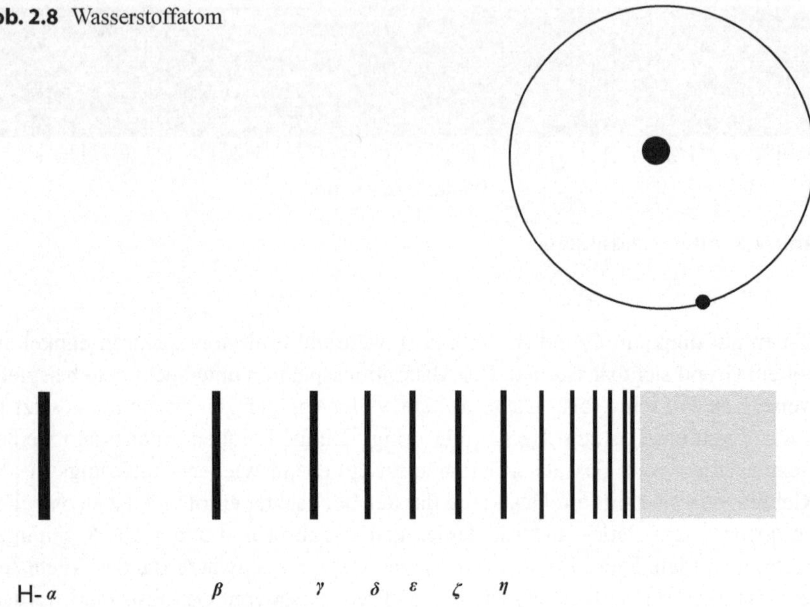

Abb. 2.9 Balmerserie für Wasserstoff

Johannes Rydberg entwickelte auf dieser Basis eine allgemeine Formel, um Linienserien zu berechnen:

$$\overline{v}= R/(m + a)^2 - R/(n + b)^2 \quad \text{mit } n > m \tag{2.17}$$

und R, der so genannten Rydberkonstanten; a und b sind spezifische Konstanten einer Serie, m kennzeichnet eine spezifische Serie in einem Spektrum und n ist eine Laufzahl. Die Balmer-Serien des Wasserstoffs kann man dann beispielsweise folgendermaßen ausdrücken:

$$\overline{v}= R/2^2 - R/n^2 \quad \text{mit } n = 3,4,5,\dots \tag{2.18}$$

Die Rydbergkonstante für Wasserstoff beträgt $R_H = 109677,576$ [cm^{-1}] Die tiefere Erklärung solcher Serien ist sehr anspruchsvoll und kann an dieser Stelle nicht detailliert werden.

Quantenzahlen Wenn wir nun die Ergebnisse von Spektralanalyse und dem Bohrschen Modell zusammen bringen, dann ergeben sich zunächst zwei Bedingungen, die direkt aus dem Atommodell abzuleiten sind: Einmal die Quantisierungsbedingung, wonach nur für bestimmte ganzzahlige Zahlen n Kombinationen aus Abstand vom Kern (Radius r) und Geschwindigkeit des Elektrons (v) existieren:

$$2\pi r \cdot m \cdot v = n \cdot h \quad \text{mit } n = 1, 2, 3, \ldots \tag{2.19}$$

Und zudem eine Formel für die Winkelgeschwindigkeit der Elektronen in Abhängigkeit vom Radius:

$$e^2 / r^2 = m \cdot r \cdot \omega \tag{2.20}$$

mit ω der Winkelgeschwindigkeit des Elektrons, wobei die Zentrifugalkraft dabei der Coulombschen Anziehung entspricht. Daraus ergeben sich dann die Elektronenbahnen r_1 … r_n:

$$r_n = h^2 \cdot n^2 / (4\pi^2 \cdot m \cdot e^2) \tag{2.21}$$

sowie

$$\omega_n = 8\pi^3 \cdot m \cdot e^4 / (h^3 n^3) \tag{2.22}$$

für das jeweilige n. n bezeichnet man als Quantenzahl. Konsequenz daraus ist unter anderem, dass Drehimpulse $mr^2 \omega$ nur als ganzzahlige Vielfache von $h/(2\pi)$ existieren – dies steht in krassem Widerspruch zur Mechanik, wo der Drehimpuls eine kontinuierliche Größe darstellt und beispielsweise Planeten theoretisch auf allen möglichen Bahnen um eine Sonne laufen können und nicht nur auf bestimmten ausgezeichneten Bahnen. Dabei ist ferner r_n derjenige Radius, der der n-ten Quantenbahn zugeordnet ist.

Wollen wir das Energieniveau einer Quantenbahn berechnen, so betrachten wir zunächst die gesamte, d. h. die potentielle und die kinetische Energie eines gequantelten Zustands:

$$E_n = (1/2)\, I_n\, \omega_n^2 - e^2 / r_n \tag{2.23}$$

mit I_n dem so genannten Trägheitsmoment des Atoms im Zustand n als $I = mr^2$. Dann ergibt sich mit den Lösungen für r_n und ω_n:

$$E_n = -2\pi^2 m\, e^4 / h^2 n^2 \quad \text{mit } n = 1, 2, 3, \ldots \tag{2.24}$$

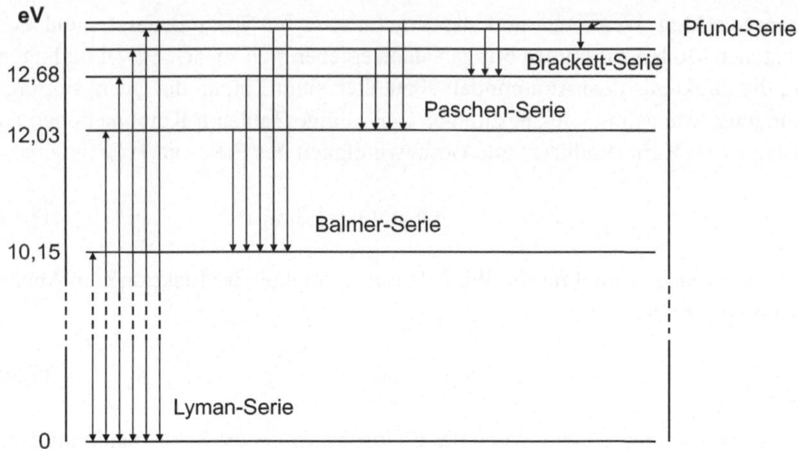

Abb. 2.10 Anregungsserien des Wasserstoffs

Da n im Nenner steht, nimmt folglich die Energie auf höherliegenden Bahnen ab (ein größeres n im Nenner führt zu einem kleineren Wert des gesamten Ausdrucks). Da jedoch ein negatives Vorzeichen vor dem gesamten Ausdruck steht, bedeuten größere (negative) Werte einen kleineren Wert – in dem Sinne, in dem −1000 kleiner ist als −1. Die Energie auf der innersten Bahn ist in diesem Sinne am negativsten – also am kleinsten – und wächst mit zunehmendem Abstand der Null entgegen.

In der Abb. 2.10 sind noch einmal die wichtigsten Serien für das H-Atom mit ihren Energieniveaus zusammengestellt.

Mit n wird die Hauptquantenzahl bezeichnet. Unseren Erörterungen bisher lag das einfachste Atom, der Wasserstoff, zu Grunde. Wenn man von dort aus im Periodensystem der Elemente weitergeht, so wird der Atomaufbau komplexer: es existieren mehrere ineinander verschachtelte Elektronenschalen, die sich gegenseitig beeinflussen, mit der Konsequenz entsprechend komplexer weiterer Spektralserien. Dies hat schließlich zu der Notwendigkeit weiterer Quantenzahlen geführt: 1

Gruppen / Perioden

Periode	1	2	3	4	5	6	7	8	9	10	11	12	13	14	15	16	17	18
1	1 H 1.01																	2 He 4.00
2	3 Li 6.94	4 Be 9.01											5 B 10.81	6 C 12.01	7 N 14.01	8 O 16.00	9 F 19.00	10 Ne 20.18
3	11 Na 22.99	12 Mg 24.31											13 Al 26.98	14 Si 28.09	15 P 30.97	16 S 32.07	17 Cl 35.45	18 Ar 39.95
4	19 K 39.10	20 Ca 40.08	21 Sc 44.96	22 Ti 47.90	23 V 50.94	24 Cr 52.00	25 Mn 54.94	26 Fe 55.85	27 Co 58.93	28 Ni 58.70	29 Cu 63.55	30 Zn 65.41	31 Ga 69.72	32 Ge 72.64	33 As 74.92	34 Se 78.96	35 Br 79.90	36 Kr 83.80
5	37 Rb 85.47	38 Sr 87.62	39 Y 88.91	40 Zr 91.22	41 Nb 92.91	42 Mo 95.94	43 Tc 97.91	44 Ru 101.07	45 Rh 102.91	46 Pd 106.42	47 Ag 107.87	48 Cd 112.41	49 In 114.82	50 Sn 118.71	51 Sb 121.76	52 Te 127.60	53 I 126.90	54 Xe 131.29
6	55 Cs 132.91	56 Ba 137.33	57-71*	72 Hf 178.49	73 Ta 180.95	74 W 183.84	75 Re 186.21	76 Os 190.23	77 Ir 192.22	78 Pt 195.08	79 Au 196.97	80 Hg 200.59	81 Tl 204.38	82 Pb 207.2	83 Bi 208.98	84 Po 208.98	85 At 209.99	86 Rn 222.02
7	87 Fr 223.02	88 Ra 226.03	89-103†	104 Rf 261.11	105 Db 262.11	106 Sg 266.12	107 Bh 264.12	108 Hs 277	109 Mt 268.14	110 Ds 271	111 Rg 272	112 Uub 285	113 Uut 285					

Legende:
Ordnungszahl → 6
Elementsymbol → C
relative Atommasse → 12.01
Metalle, Übergangsmetalle, Halbmetalle, Nichtmetalle

* Lanthanoide	57 La 138.91	58 Ce 140.12	59 Pr 140.91	60 Nd 144.24	61 Pm 144.91	62 Sm 150.36	63 Eu 151.96	64 Gd 157.25	65 Tb 158.93	66 Dy 162.50	67 Ho 164.93	68 Er 167.26	69 Tm 168.93	70 Yb 173.04	71 Lu 174.97
† Actinoide	89 Ac 227.03	90 Th 232.04	91 Pa 231.04	92 U 238.03	93 Np 237.05	94 Pu 244.06	95 Am 243.06	96 Cm 247.07	97 Bk 247.07	98 Cf 251.08	99 Es 252.08	100 Fm 257.10	101 Md 258.10	102 No 259.10	103 Lr 262.11

Abb. 2.11 Periodensystem der Elemente

steht für den Bahndrehimpuls und s für den Eigendrehimpuls des Elektrons sowie deren Vektorsumme

$$j = l + s \qquad (2.25)$$

für den Gesamtdrehimpuls. Ohne in den Beweis gehen zu wollen, sei an dieser Stelle ein Prinzip verkündet, das Pauli-Prinzip (nach Wolfgang Pauli), welches das Verhältnis zwischen den vier Quantenzahlen n, l, s, und j regelt:

▶ „In der Natur kommen nur solche Elektronenanordnungen in Atomen und Molekülen vor, in denen sich sämtliche Elektronen hinsichtlich mindestens einer ihrer vier Quantenzahlen unterscheiden.“

Das Pauli-Prinzip sorgt dafür, dass auf jeder möglichen Position im Atom nur ein Elektron sitzen darf – und alle weiteren in ein Atom eindringenden Elektronen aus einer solchen Position verdrängt werden. Diese Abstoßung setzt sich beispielsweise bei sehr kompakten Sternen – so genannten Neutronensternen – der Gravitationskraft entgegen; die Pauli-Abstoßung zwischen Elektronen auf Atombahnen verhindert, dass der Stern unter dem Gravitationsdruck implodiert.

Da später noch weitere Quantenzahlen im Rahmen der Elementarteilchenphysik eingeführt wurden, wurde dieses Prinzip für die gesamte Quantenmechanik verallgemeinert (Abb. 2.11).

2.6 Der Atomkern

Periodensystem Das Periodensystem, obwohl zunächst primär Gegenstand der Chemie und damit Atomphysik, führt gleichzeitig zu grundlegenden Überlegungen der Kerntheorie als Ausgangspunkt für die Analyse von Masse und Struktur von Atomkernen.

Die Systematik über den Aufbau der Elektronenhülle jedes Atoms durch den Anbau eines weiteren Elektrons an ein vorhergehendes Element wurde aus den Spektralanalysen und dem Bohrschen Modell mit seinen Quantenzahlen erschlossen. Dabei besteht in diesem Modell die Hülle selbst aus Schalen, die sich im System als Perioden manifestieren. Jedes Element ist mit einer Ordnungszahl versehen, die der Anzahl von Elektronen und damit der Protonen des Kerns entspricht (Atome sind neutral, daher sind letztere beide Zahlen äquivalent). Interessant in unserem Zusammenhang ist nun aber nicht so sehr die Ordnungszahl, sondern das relative Gewicht jedes Atoms.

Stellt man sich jetzt alle Atome als aus dem Wasserstoff aufgebaut vor, wird man nämlich sehr schnell feststellen, dass sie sehr viel schwerer sind als ihre Ordnungszahl vermuten lässt, und außerdem – wenn H das Atomgewicht 1 hat – keine ganzzahligen Vielfache des Wasserstoffgewichts darstellen. Wir wissen, dass Atomkerne nicht nur aus Protonen bestehen, sondern zusätzlich noch aus Neutronen. Man hat nun zunächst versucht, die Nichtganzzahligkeit der Atomgewichte aus dem Unterschied zwischen der tatsächlichen Masse des Protons und des Neutrons herzuleiten.

Man kann aber auch einen anderen Weg gehen, indem man einen anderen Standard als H – beispielsweise C-12 (die am häufigsten vorkommende Art des Kohlenstoffs, bestehend aus 6 Protonen und 6 Neutronen) zu Grunde legt und dessen Bezugsmasse mit dem Wert 12 belegt. Dann erhält man allerdings für H den Wert 1,008, statt 1. Die einzig mögliche Erklärung für die Abweichungen von der Ganzzahligkeit liegt darin begründet, dass keine eindeutige Zuordnung zwischen den Ordnungszahlen und dem Atomgewicht existiert. Das bedeutet, dass zu einer bestimmten Ordnungszahl mehrere unterschiedliche Kerne gehören können. Diese haben zwar immer dieselbe positive Ladung der entsprechenden Ordnungszahl, besitzen aber zusätzlich jeweils eine unterschiedliche Anzahl von Neutronen.

Tab. 2.2 Stärke und Reichweite von Naturkräften

Naturkraft	Stärke	Reichweite
Gravitation	10^{-39}	∞
Elektromagnetismus	10^{-2}	∞
starke Wechselwirkung	1	10^{-15} [m]

▶ Atome gleicher Ladung aber unterschiedlicher Anzahl Nukleonen (Nukleonen ist der Sammelbegriff für Protonen und Neutronen – Bestandteile von Atomkernen) nennt man Isotope eines Elements.

Also ist das im Periodensystem angezeigte Atomgewicht immer der gewichtete Durchschnitt aller Isotope des entsprechenden Elements. Dabei erfolgt die Gewichtung durch den in der Natur jeweils vorkommenden Anteil eines Isotops, gemessen an der Summe aller Isotopenanteile desselben Elements. Normalerweise führt niemand eine Isotopentrennung vor dem Wiegen eines Elements durch, sodass man immer den natürlich vorkommenden Isotopenmix in der Hand hält.

Starke Wechselwirkung Dadurch, dass die negative Ladung der Elektronen durch die Summe der positiven Ladung der Protonen im Kern kompensiert wird, wird die elektrische Neutralität des Atoms gewährleistet. Was hält nun die positiv geladenen Protonen im Kern zusammen, da sie sich ja auf Grund ihrer elektromagnetischen Ladung abstoßen müssten? Durch die Gravitationskräfte der Neutronen kann das wegen ihres verschwindend geringen Effekts nicht erfolgen. Es müssen also die Kernbausteine – die Nukleonen – durch weitaus größere Kräfte gebunden werden. Das bedeutet, dass es neben der Gravitation und der elektromagnetischen Wechselwirkung eine weitere Naturkraft – die starke Wechselwirkung – geben muss.

Diese starke Wechselwirkung ist in der Natur die im Verhältnis stärkste Kraft, besitzt aber nur eine geringe Reichweite (Tab. 2.2).

Aufbau des Atomkerns Wir haben bereits gehört, dass der Atomkern aus Protonen und Neutronen, die geringfügig schwerer sind als Protonen, aufgebaut ist. Ein Isotop zeichnet sich durch zwei Kenngrößen aus:

- die Ordnungszahl Z (Protonenzahl) und
- die Massenzahl A (Anzahl der Nukleonen, also Neutronen plus Protonen).

Daher kann man wie folgt die Anzahl Neutronen in einem Isotopenkern berechnen:

$$N = A - Z. \tag{2.26}$$

Im Atomkern, dessen Durchmesser aus grundsätzlichen Gegebenheiten nie exakt bestimmt werden kann, der aber von der Größenordnung 10^{-12} [cm] ist, befindet sich fast die gesamte Masse des Atoms – mit Ausnahme der Elektronen, die aber nur einen unwesentlichen Teil zur Gesamtmasse beitragen. Die daraus resultierende Dichte des Kernes beträgt 10^{14} [g/cm^3] oder – anders ausgedrückt – in einem cm^3 Kernmaterie befinden sich rund 100 Mio T Masse.

Wie Elektronen besitzen auch Protonen und Neutronen einen Eigendrehimpuls (Spin), der $\hbar/2$ beträgt, wobei

$$\hbar = h/(2\pi) \tag{2.27}$$

definiert ist, eine Größe, die als Drehimpulsquantum bezeichnet wird. Auch der Atomkern selbst besitzt, wie seine Nukleonen, ebenfalls einen Eigendrehimpuls:

$$|I| = I \cdot \hbar \tag{2.28}$$

mit I der Kerndrehimpulsquantenzahl. $|I|$ ist die Vektorsumme aus seinem eigenen Bahndrehimpuls und den Spins der den Kern bildenden Protonen und Neutronen. Der Gesamtdrehimpuls J entsteht analog jenem der Elektronenhülle. Da der Spin der Nukleonen halbzahlig ist, besitzen Kerne mit einer geraden Massenzahl einen ganzzahligen Drehimpuls (häufig=0), und solche mit ungerader Massenzahl immer einen halbzahligen. Außerdem haben alle Kerne – ähnlich wie bei der Elektronenhülle – auch ein magnetisches Moment zusammen mit dem Gesamtdrehimpuls.

Kernmodelle Auch heute besitzen wir noch kein konsistentes Modell für den Atomkern, welches all seine Besonderheiten beschreibt. Alle theoretischen Modelle geben bestimmte Erscheinungen annähernd korrekt wieder, müssen aber für andere Erscheinungen angepasst oder durch Alternativen ersetzt werden.

So hat man, ähnlich wie beim Atommodell, selbst auch ein Schalenmodell für den Atomkern entwickelt, in dem die Anordnungen der Nukleonen und deren Systematik abgebildet sind. Dieses Modell erklärt aber nur zum Teil und auch nur annäherungsweise gewisse Beobachtungen wie z. B. die nuklearen Energiespektren. Weitere Unterschiede zum Schalenmodell der Hülle bestehen im Aufbau der Quantenzahlen und des Bahndrehimpulses. Im Folgenden werden wir uns auf zwei Kernmodelle beschränken, die eine wichtige Rolle in der experimentellen Praxis einnehmen:

- das Tröpfchenmodell und
- das optische Modell.

Tröpfchenmodell Wenden wir uns zuerst dem Tröpfchenmodell zu. Es wurde in den 30er Jahren des 20ten Jahrhunderts von Carl Friedrich v. Weizsäcker entwickelt und betrachtet den Atomkern analog zu einem Flüssigkeitstropfen. Eine solche Betrachtung bietet sich an wegen der konstanten Dichte aller Atomkerne und – wie wir später sehen werden – andererseits wegen der konstante Bindungsenergie je Nukleon – mit Ausnahme der sehr leichten Kerne. Eine Konsequenz daraus ist unter anderem, dass die Bindungskräfte im Kern nur zwischen unmittelbar benachbarten Nukleonen Wirkung zeigen. Mit Bindungsenergie sind – analog zur Elektronenhülle in der Atomphysik – die Energieniveaus gemeint, unter denen ein Nukleon in den Kern eingebunden bleibt. Sie wird in [MeV] ausgedrückt, Mega-Elektronenvolt.

Auf der Basis des Tröpfchenmodells entwickelte v. Weizsäcker eine Gleichung, mit deren Hilfe die Bindungsenergie je Nukleon in Abhängigkeit von der Massenzahl des Kerns wiedergegeben werden kann. Er führte dazu fünf Terme ein:

1. ein Term a_1 für die mittlere Bindungsenergie eines allseits gebundenen Nukleons.
2. ein Term, der berücksichtigt, dass unter Vernachlässigung der Coulomb-Abstoßung zwischen den Protonen die Bindungsfestigkeit am größten ist bei gleicher Protonen- und Neutronenzahl (abgeleitet aus dem Schalenmodell):

$$a_2 \cdot ((N - Z)/(N+Z))^2 \qquad (2.29)$$

3. ein Term, der die Oberflächenspannung berücksichtigt, und zwar in der Weise, dass für die äußeren Nukleonen nur einseitig von innen her eine Bindung besteht:

$$a_3 \cdot (N + Z)^{-1/3} \qquad (2.30)$$

4. ein Term, der die elektrostatische Abstoßung berücksichtigt:

$$a_4 \cdot Z^2/(N + Z)^{4/3} \qquad (2.31)$$

5. ein Term, der dem Rechnung trägt, dass Kerne mit gerader Protonen- und Neutronenzahl eine etwas größere, Kerne mit doppelt ungerader Nukleonenzahl eine etwas kleinere Bindung besitzen im Verhältnis zur Kombination als gerade-ungerade. Grund dafür ist die Spinkombination der Nukleonen:

$$a_5 \cdot (N + Z)^{-2} \qquad (2.32)$$

Die Terme a_1, a_2, a_3, a_4 und a_5 lassen sich theoretisch derzeit noch nicht herleiten und beruhen auf empirischer Ermittlung. Setzt man jetzt alles zusammen, so erhält man für die Bindungsenergie je Nukleon die nach seinem Urheber benannte Weizsäckerformel:

$$E[MeV] = 14{,}0 - 19{,}3((N-Z)/(N+Z)^2 - 13{,}1/(N+Z)^{1/3}$$
$$- 0{,}60 * Z^2/(N+Z)^{4/3} \pm 130/(N+Z)^2 \tag{2.33}$$

Es ist schon erstaunlich, wenn man diese Gleichung betrachtet, dass sie für so ein komplexes Gebiet wie die Entwicklung eines Atomkernmodells ganz ohne komplizierte Mathematik auskommt, also z. B. keine partiellen Differentialgleichungen benötigt.

Will man die Ergebnisse der Weizsäckerkurve (s. Abb. 2.12) interpretieren, muss der Begriff des *Massendefekts* eingeführt werden. Bei Messungen hat sich nämlich herausgestellt, dass bei Addition aller Teilchen eines Kerns die Massensumme größer sein müsste als es die tatsächlich gemessene Gesamtmasse des Kerns war. Auf den ersten Blick erscheint es, als widerspräche dieser Befund dem Erhaltungssatz der Masse, wie er aus der Chemie bekannt ist. Nun wissen wir aus der Relativitätstheorie, dass Masse und Energie äquivalent sind. Der beobachtete Massendefekt entspricht demnach der Bindungsenergie der Nukleonen.

Man erkennt aus dem Verlauf der Kurve, dass die Bindungsenergie je Nukleon für immer schwerere Kerne nach einem Maximum bei einer Massenzahl zwischen 50 und 70 wieder abzunehmen beginnt. Findet eine Kernspaltung statt, so wird ein schwerer Kern am rechten Ende der Kurve unsymmetrisch in zwei Kerne mit Massenzahlen zwischen 80 und 160 umgewandelt. Diese Zerlegung sorgt dafür, dass der ursprüngliche Massendefekt für die enorme Freisetzung der Bindungsenergie bei der Kernspaltung verantwortlich ist. Auf der anderen Seite sieht man ganz links die leichten Kerne, deren Bindungsenergiedifferenz noch erheblich größer ist, wenn z. B. zwei leichte Kerne zu einem schwereren fusionieren. Aus diesem Grunde wird im Verhältnis zur Kernspaltung bei der Kernfusion ein vielfach höheres Energiepotential freigesetzt. Die Energie, die unsere Sonne abstrahlt, wird aus diesen Kernverschmelzungen gewonnen.

Das optische Modell Das Tröpfchenmodell beschreibt bestimmte Facetten der Kernspaltung gut, aber es ist es weniger brauchbar für andere Kernreaktionen wie z. B. Absorption oder Streuung. Ein Modell, das sich für solche Reaktionen besser eignet, ist das optische.

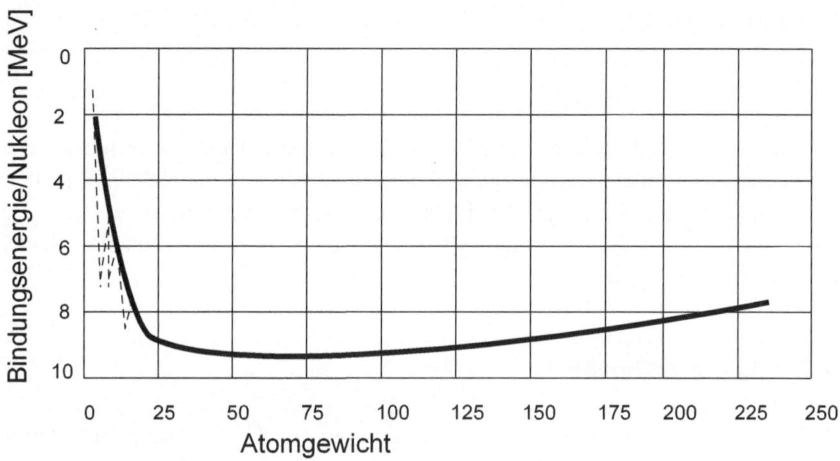

Abb. 2.12 Bindungsenergie je Nukleon

Nehmen wir den Fall, dass ein fremdes Neutron in einen Atomkern eindringt. Dann gibt es zwei Alternativen:

- Das Neutron bewegt sich unabhängig vom Atomkern und verlässt ihn unmittelbar wieder.
- Das Neutron wird vom Kern absorbiert, und zusammen mit seinem Zielkern konstituiert es einen neuen Kern.

Bei den beiden genannten Fällen handelt sich also entweder um Absorption oder um Re-Emission. Zur Beschreibung beider Reaktionen, führt das optische Modell ein mathematisch komplexes optisches Potential ein, das auf das Neutron wie eine Linse auf Lichtstrahlen wirkt:

$$U = V(r) + iW(r) \tag{2.34}$$

mit V als Potentialsenke, die alle zugehörigen Energiezustände enthält. W ist für den Absorptionseffekt verantwortlich. r ist dann irgendeine Raumkoordinate. Dieses Potential kann man jetzt in die Schrödingergleichung einführen und erhält auf einem längeren mathematischen Weg Wahrscheinlichkeiten für

- elastische Streuung,
- Absorption und
- die Gesamtreaktion.

Das optische Modell erlaubt, einen Transmissionskoeffizienten zu ermitteln, der die Penetrierbarkeit eines Kerns quantifiziert. Im Gesamtzusammenhang mit allen Kernreaktionen sind Aussagen über Reaktionswahrscheinlichkeiten wichtig. In der Kernphysik werden sie als Wirkungsquerschnitte bezeichnet. Ihre Einheit ist [barn] mit $1\,[\text{barn}] = 10^{-24}\,[\text{cm}^2]$.

2.7 Radioaktivität

Radioaktivität wurde Anfang 1896 entdeckt, aber erst Ernest Rutherford identifizierte diese Strahlung drei Jahre später. Er fand heraus, dass sie aus zwei Komponenten bestand:

- einer, die ziemlich schnell von dünnen Schichten absorbiert wurde und
- einer anderen, die erheblich durchdringender war.

Diesen gab er die Bezeichnung alpha- und beta-Strahlen. Später fand man heraus, dass eine weitere noch durch dringendere Strahlung, die gamma-Strahlung, die beiden anderen Strahlenarten begleitete.

Drei Arten von Strahlung beim Kernzerfall sind bekannt (s. Abb. 2.13):

- α – Zerfall
- β – Zerfall und
- γ – Strahlung.

Beim α-Zerfall erniedrigt sich die Kernladung, d. h. die Ordnungszahl des Elements, um zwei Eineiten. Die α-Strahlen bestehen aus 2 Protonen und zwei Neutronen, sind also positiv geladen. Ein α-Teilchen entspricht also dem Kern des Heliumatoms. Beim β-Zerfall wird die Ordnungszahl um eins erhöht. β-Strahlen sind negativ geladen und bestehen aus Elektronen. Die γ-Strahlung ist elektromagnetischer Natur und neutral – im Grunde hochenergetisches Licht. Sie hat keinen Einfluss auf die Ordnungszahl. Gleichzeitig beim α- oder β-Zerfall tritt auch γ-Strahlung auf.

Radioaktive Kerne besitzen eine Zerfallswahrscheinlichkeit. Diese hängt von der Anzahl noch vorhandener Atomkerne im Material ab. Dabei spielt das Alter

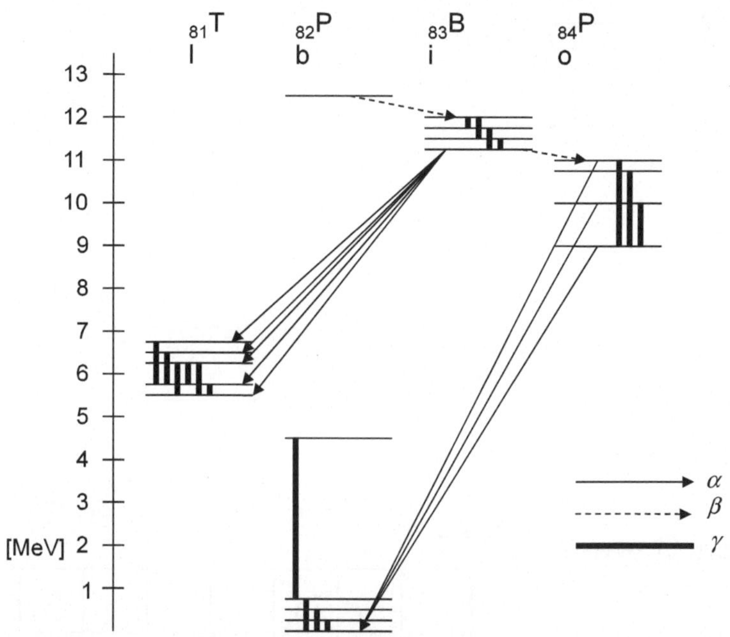

Abb. 2.13 Zerfallsreihen bis zum stabilen Blei-Isotop

eines bestimmten Atomkerns keine Rolle. Man misst die Zerfallswahrscheinlichkeit von Isotopen durch ihre Halbwertszeit.

▶ Die Halbwertszeit ist diejenige Zeitspanne, nach der die Hälfte der anfänglich
vorhanden gewesenen Kerne einer bestimmten Art zerfallen ist.

Radioaktive Kerne können Halbwertszeiten zwischen 10^{-7} [s] und mehr als 10^{14}
Jahren haben.

Da γ – Strahlung elektromagnetisch ist, zeigt sie ähnliche Charakteristika wie
das sichtbare Licht: ihre Spektren deuten auf Anregungszustände des Atomkerns
hin, so wie es sich in der Atomphysik ganz ähnlich mit den Energieniveaus der
Elektronenschalen auf sich hat (s. Abb. 2.14).

Bei den β – Teilchen hat man beobachtet, dass sie keine diskreten Energiezustände repräsentieren, sondern einem kontinuierlichen Spektrum folgen. Diese
Tatsache lässt sich schwer vereinbaren damit, dass sich sowohl Ursprungskern als
auch Endkern sehr wohl in diskreten Energiezuständen befinden. Weiterhin be-

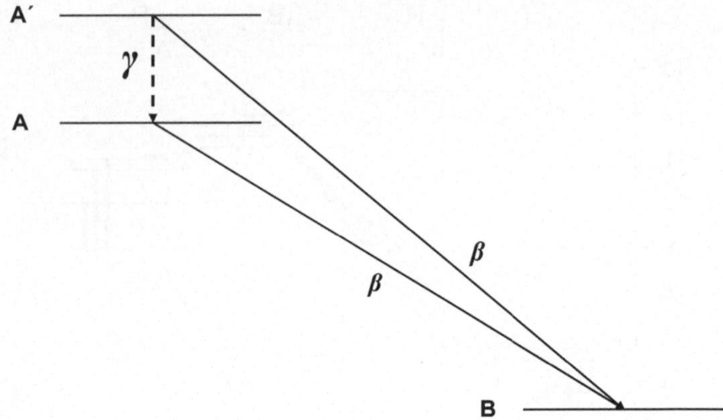

Abb. 2.14 Isomerer Kernzerfall

Abb. 2.15 β-Spektrum

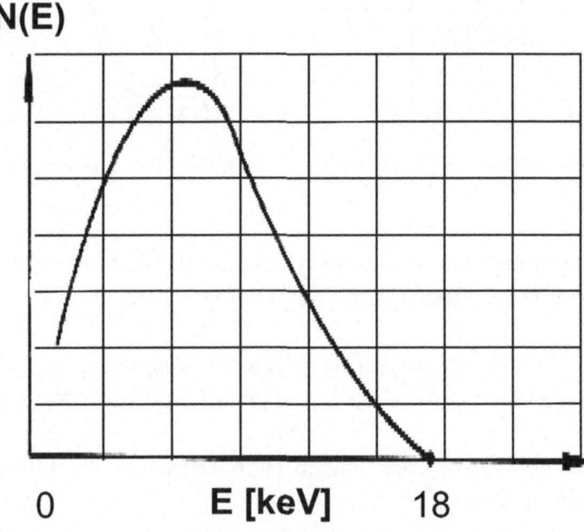

finden sich im Kern ja keine Elektronen. Diese beiden Problemanzeigen werden durch folgende Beziehung aufgelöst (Abb. 2.15):

$$n \rightarrow p + e^- + \overline{\nu}_e \qquad (2.35)$$

Durch die Beziehung (2.35) wird die Umwandlung eines Neutrons in ein Proton ausgedrückt. Bei diesem Zerfall entsteht ein freies Elektron. Damit wird einerseits die Ordnungszahländerung nach oben erklärt, anderseits die Herkunft des Elektrons. Bei $\overline{\nu}_e$ handelt es sich um ein neues Teilchen, Neutrino genannt, das ebenfalls frei wird. Neutrinos haben nur eine extrem kleine Masse. Auch aus Energieerhaltungsgründen ist bei der oben beschriebenen Reaktion seine Existenz notwendig. Zwei weitere Gründe für die Existenz des Neutrinos seien genannt: die Erhaltungssätze für Impuls und Drehimpuls des Atomkerns. Genauer gesagt, wird bei der Umwandlung des Protons nicht ein Neutrino, sondern ein Antineutrino frei, dargestellt durch den Querstrich über dem Neutrinosymbol.

Wir kenne mittlerweile neben der natürlichen Radioaktivität eine fast unüberschaubare künstliche Radioaktivität, die durch menschliches Eingreifen, wie den Beschuss von Atomkernen und der Kernspaltung generiert worden ist bzw. immer noch generiert wird.

Damit es überhaupt stabile Kerne gibt, ist eine Nukleonenkonfiguration notwendig, die die anziehend wirkenden Kernkräfte gegenüber den abstoßend wirkenden Coulomb-Kräften in Schach hält. Kerne, bei denen das Verhältnis von Neutronen- zu Protonenzahl zwischen 1 und 1,56 liegt und deren Protonenzahl 82 nicht überschreitet, erfüllen diese Bedingungen. Kernarten außerhalb dieses „Tals der Stabilität" streben danach, unter Aussendung von Strahlung diesen Bereich stabiler Nukleonenkonfiguration zu erreichen. Man unterscheidet bei derartig instabilen Kernen zwischen solchen, die in der Natur zu finden sind, den sog. natürlich radioaktiven Strahlern und solchen, die aus stabilen Gebilden durch Zufuhr von Energie oder Einschuss von Kernteilchen hergestellt werden, also den bereits erwähnten künstlichen Radioisotopen. Unabhängig von diesem rein formalen Unterschied sind dieselben Gesetzmäßigkeiten gültig.

Zerfallsgesetz Nehmen wir an, dass die Masse eines radioaktiven Stoffen anfänglich aus N Atomen besteht. Die Frage, die sich stellt, ist jetzt: wieviele Zerfälle pro Zeiteinheit treten auf? Oder anders gefragt: wie groß ist die radioaktive „Aktivität" dieses Isotops? Wie sieht die dahinter liegende Gestzmäßigkeit aus, nach der die Aktivität sich verringert?

Um diese Fragen zu beantworten, führen wir die radioaktive „Zerfallskonstante" λ ein. Sie sagt etwas darüber aus, wie groß die Wahrscheinlichkeit ist, mit der irgendein Kern zerfällt. Dann ergibt sich für die Aktivität:

$$A = \lambda N \tag{2.36}$$

Auf dieser Basis ergibt sich für die Verringerung der Anzahl radioaktiver Kerne über der Zeit:

$$dN/dt = -\lambda N \tag{2.37}$$

Die Gesamtzahl der Zerfälle in einem Zeitintervall ergibt sich dann zu:

$$\int_0^t dN/N = -\int_0^t \lambda dt. \tag{2.38}$$

Wenn N_0 die Anzahl radioaktiver Kerne zur Zeit $t=0$ ist, erhält man:

$$\ln(N/N_0) = -\lambda t \tag{2.39}$$

mit:

N = Anzahl der Kerne zur Zeit t,
N_0 = Anzahl der Kerne zur Zeit $t=0$,
λ = Zerfallskonstante.

Gleichung (2.39) wird „Zerfallsgesetz" genannt. Die für jedes Isotop spezifische Zerfallskonstante, und damit der radioaktive Zerfall selbst, lassen sich weder chemisch noch physikalisch beeinflussen. Der Zerfall folgt statistischen Gesetzen. Wegen dieser fundamental statistischen Natur lassen sich jedoch umso genauere Aussagen ermitteln je mehr Zerfallsereignisse beobachtet werden.

Nun besteht die Möglichkeit, dass ein und dasselbe Radioisotop auf mehrere verschiedene Weisen zerfallen kann. Dann besteht die Gesamtzerfallskonstante aus der Summe der Wahrscheinlichkeiten für die unterschiedlichen Zerfallsarten:

$$\lambda = \lambda_1 + \lambda_2 + \lambda_3 + \ldots \tag{2.40}$$

Und für die partielle Aktivität:

$$dN_i/dt = -\lambda_i N = \lambda_i N_0 e^{-\lambda t} \tag{2.41}$$

mit

dN_i/dt: Zerfälle der Zerfallsart i
N: Anzahl der Kerne zur Zeit t
N_0: Anzahl Kerne zur Zeit $t=0$
λ_i: Zerfallskonstante für Zerfallsart i
λ: Gesamtzerfallskonstante

Man erkennt unschwer, dass die Partielle Aktivität nicht von $e^{-\lambda_i t}$, sondern von $e^{-\lambda t}$ abhängt. Das rührt daher, dass die Verringerung der Gesamtzahl von Kernen durch den Zerfall aller beteiligten Zerfallsarten geschieht.

Wie ist nun die Zerfallskonstante auf die Halbwertszeit bezogen? – Nach einer Halbwertszeit existiert nurmehr die Hälfte aller ursprünglichen Kerne, nach zwei Halbwertszeiten ein Viertel, nach dreien ein Achtel und so fort. Nach zehn Halbwertszeiten hat sich die ursprüngliche Aktivität auf etwa 1/1000stel verringert. Für die Berechnung der Halbwertszeit ergibt sich:

$$1/2 = e^{-\lambda T_{1/2}} \tag{2.42}$$

und damit:

$$\ln(1/2) = -\lambda T_{1/2} \tag{2.43}$$

sodass

$$T_{1/2} = \ln 2/\lambda = 0{,}693/\lambda \tag{2.44}$$

Wie die Zerfallskonstante ist die Halbwertszeit eine spezifische Konstante für ein Radionuklid. Letztere findet im allgemeinen Sprachgebrauch die häufigere Verwendung. Stellt man die Aktivität über der Zeit halblogarithmisch dar, so ergibt sich als Ergebnis eine Gerade (s. Abb. 2.16). Bei einer Darstellung der relativen Aktivität über der Zeit ergibt sich die Kurve in Abb. 2.17.

Betrachtet man einen einzelnen radioaktiven Kern, so kann dessen Lebensdauer zwischen 0 und ∞ liegen. Sein Zerfall ist nicht vorhersagbar. Anders ist dies bei der Ermittelung der durchschnittlichen Lebensdauer von vielen Kernen gleichzeitig. Hier ergibt sich eine mittlere Lebensdauer τ, die man aus der gewichteten Summe der Lebenszeiten aller Kerne erhält bezogen auf die Ausgangsanzahl. Betrachtet man die zeitliche Abhängigkeit, so erhält man:

$$dN = \lambda N dt \tag{2.45}$$

und integriert:

$$N = N_0 e^{-\lambda t} \tag{2.46}$$

Daraus folgt:

$$dN = \lambda N_0 e^{-\lambda t} dt \tag{2.47}$$

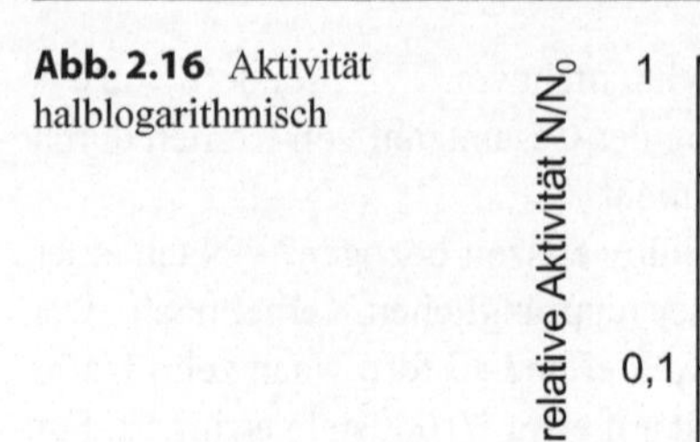

Abb. 2.16 Aktivität
halblogarithmisch

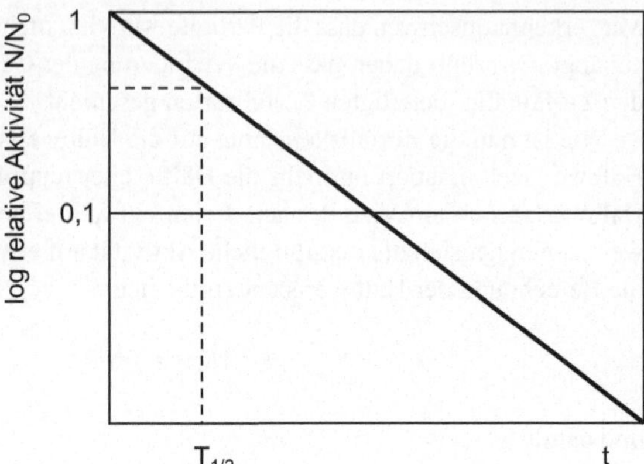

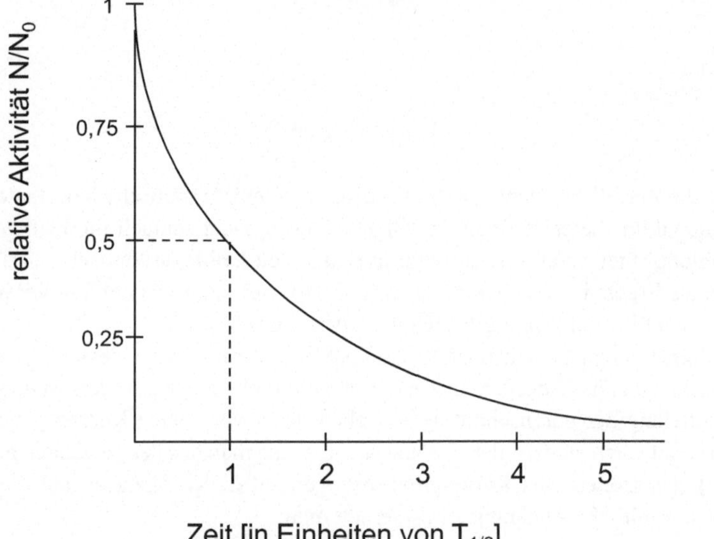

Abb. 2.17 Aktivität über Einheiten der Halbwertszeit

und für die Gesamtlebensdauer über alle Kerne:

$$L = \int\limits_0^\infty t\, N_0\, \lambda\, e^{-\lambda t} dt = N_0 / \lambda \qquad (2.48)$$

Daraus dann die mittlere Lebensdauer:

$$\tau = L / N_0 \tag{2.49}$$

oder

$$\tau = 1/\lambda \tag{2.50}$$

Und Halbwertszeit und mittlere Lebensdauer stehen somit in folgendem Verhältnis:

$$\tau = T_{1/2} / 0{,}693 = 1{,}44\, T_{1/2} \tag{2.51}$$

τ entspricht derjenigen Zeit, bei der die Aktivität auf einen Wert, der das $(1/e)$ fache $(0{,}368)$ der Anfangsaktivität beträgt, gesunken ist.

2.8 Kernphysikalische Reaktionen

Die wichtigsten Kernreaktionen:

$_Z Y^N$ (n,γ)
(d,α)
(n,p)
(n,t)
(n,f)
(n,α)
(p,γ)
(d,p)
(n,2n)
(α,n)

Am Rande haben wir immer wieder von Kernreaktionen gehört, ohne systematisch darauf einzugehen. Wir kennen Kernspaltung und vielleicht auch Kernverschmelzung. Daneben aber gibt es eine Vielzahl von anderen Reaktionen, die genutzt wurden und werden, um Aussagen über die Eigenschaften von Atomkernen zu gewinnen. So kann man praktisch alles auf alles schießen.

Beispielhaft möchte ich noch einmal auf die Spaltung zurückkommen, da sie ja auch im gesellschaftlichen Diskurs eine prominente Rolle spielt. Bei der Spaltung von $_{92}U^{235}$ geschieht folgendes:

$$\boxed{\,_{92}U^{235} + \,_0 n^1 \rightarrow \,_{92-c} Y^{236-d-m} + \,_c Z^d + m\, _0 n^1\,} \tag{2.52}$$

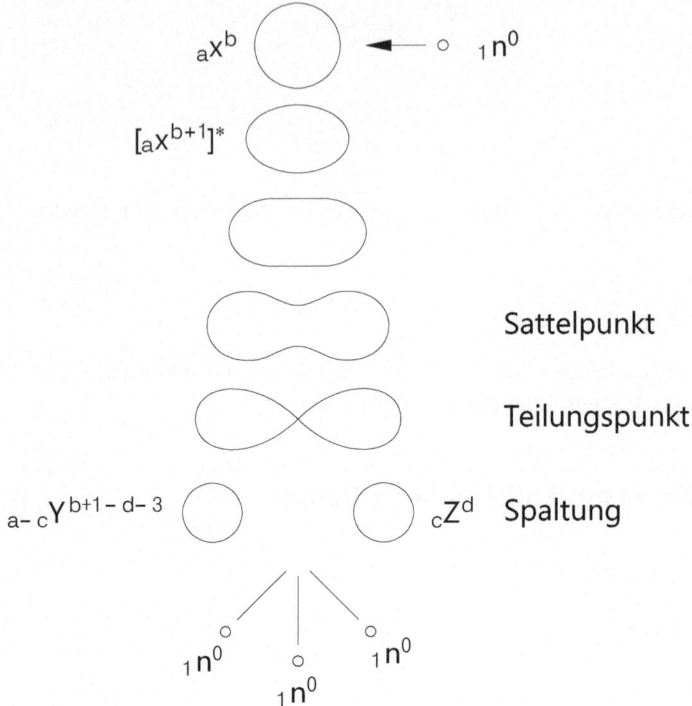

Abb. 2.18 Kernspaltung

mit Y und Z Spaltproduktkerne und m > 1. Die letztere Tatsache ist entscheidend für die Möglichkeit einer Kettenreaktion in einer ausreichend großen (kritischen) Masse des Uranisotops.

Nach dem Tröpfchenmodell kann man sich die Spaltung bildhaft wie in Abb. 2.18 vorstellen:

Um kontinuierlich oder schlagartig große Energiemengen durch Kernspaltung frei zu setzten, ist eine Kettenreaktion erforderlich, d. h. eine Abfolge von Kernreaktionen, in diesem Fall Spaltungen, die sich selbst solange aufrechterhält, bis eine vorhandene Menge von spaltbarem Material aufgebraucht ist (s. Abb. 2.19).

Absorption Neben den Spaltquerschnitten spielen in der Kerntechnik insbesondere die Absorptionsquerschnitte eine wichtige Rolle. Sie geben ein Maß für die Wahrscheinlichkeit der Absorption, des Einfangs, von Neutronen, z. B. $\sigma_{n,\gamma}$. Es gibt Materialien mit hohen Absorptionsquerschnitten gerade in jenem Energiebe-

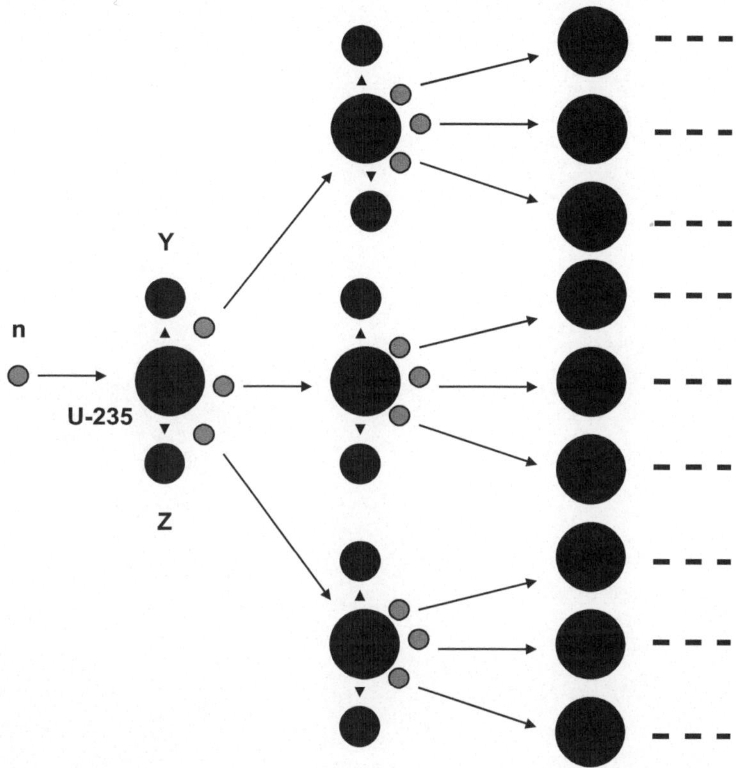

Abb. 2.19 Kettenreaktion

reich, der für die Kernspaltung wichtig ist. Mit solchen Materialien lassen sich Kettenreaktionen kontrollieren bzw. zum Stillstand bringen. Dazu gehören Cadmium und Bor.

Moderation Bei kontrollierten Kettenreaktionen ist es wichtig, die freiwerdenden Neutronen auf eine solch niedrige Energie zu bringen, bei der der hohe Spaltquerschnitt von z. B. U-235 zur Wirkung kommen kann. Das ist bei – wie gesagt – thermischen Gleichgewicht der Fall: 0,025 [eV]. Da die Neutronen aber ursprünglich eine viel höhere Energie besitzen, müssen sie über geeignete Moderatoren durch Streuung und damit Energieabgabe an einen Streukern sukzessive auf die erforderliche niedrige Energie gebracht werden. Das geschieht am Besten an leichten Kernen, z. B. Wasserstoff, weshalb Wasser in Reaktoren als Moderator verwendet wird. Auch Kohlenstoff wurde in der Vergangenheit dazu eingesetzt.

Primär- und Sekundärenergien

3

3.1 Kernenergie

Ein Kernreaktor soll in einem stabilen Betrieb eine kontrollierbare Leistung erzeugen. Das erfordert eine kontinuierliche Anzahl von Kernspaltungen pro Zeiteinheit. Als Brennstoff werden spaltbare Materialien, die sich in einem Isotopenmix befinden, verwendet. Dazu gehören meistens U-235 oder Pu-239. Zur Steuerung und Auslegung eines Reaktors gibt es den so genannten Multiplikationsfaktor k. Er kennzeichnet das Verhältnis der Neutronendichten am Ende und Anfang einer Generation innerhalb einer Kettenreaktion. Dieser Faktor muss während des Betriebes mindestens = 1 sein. k berechnet sich wie folgt:

$$k = \varepsilon \mathrm{p} \mathrm{f}\, \eta \mathrm{L} \tag{3.1}$$

ε ist der sog. Schnellspaltfaktor, p die Resonanzdurchgangswahrscheinlichkeit; f gibt an, welcher Prozentsatz abgebremster Neutronen im Brennstoff absorbiert wird; η ist die Anzahl bei der Spaltung neu frei werdender Neutronen, und L wird als Nichtleckfaktor bezeichnet.

Gehen wir von einer pro Spaltprozess frei gesetzten Energie von 180 MeV aus, dann benötigt man für eine Leistung von 1 W $3 \cdot 10^{10}$ Kernspaltungen pro Sekunde. Die zeitabhängige Leistung hängt ab von

- dem Volumen V
- der mittleren Dichte N der spaltbaren Kerne
- dem Spaltquerschnitt und
- dem mittleren Neutronenfluss nv je cm^2 und Sekunde.

© Springer Fachmedien Wiesbaden 2015
W. Osterhage, *Ursprünge aller Energiequellen*, essentials,
DOI 10.1007/978-3-658-09108-8_3

n und v stehen für die mittlere Dichte bzw. Geschwindigkeit der Neutronen. Dann
ergibt sich für die Leistung eines Reaktors:

$$P[W] = n \ v \ N \ \sigma V / 3 \cdot 10^{10} \tag{3.2}$$

Charakteristika von Reaktoren Wir wollen kurz zusammenfassend die Haupt-
merkmale der Kernreaktoren durchgehen. Die für die meisten Kraftwerksreaktoren
gemeinsamen Komponenten sind in der Abb. 3.1 veranschaulicht.

Der Moderator ist das wichtigste Charakteristikum eines Reaktors. Als Moderatoren kommen in der Hauptsache Schwerwasser, Beryllium, Graphit und Wasser
in Frage.

Nach dem Moderator ist das Kühlmittel ein bestimmendes Merkmal der Leis-
tungsreaktoren. Man verwendet heute in Hochtemperaturreaktoren Helium als gas-
förmiges Kühlmittel und natürlich das als Moderator dienende Wasser in anderen
Reaktortypen.

Es gibt heute im Wesentlichen nur zwei Typen, der gasgekühlte Graphitreak-
tor und der Wasserreaktor, die sich in großen Stückzahlen durchgesetzt haben.

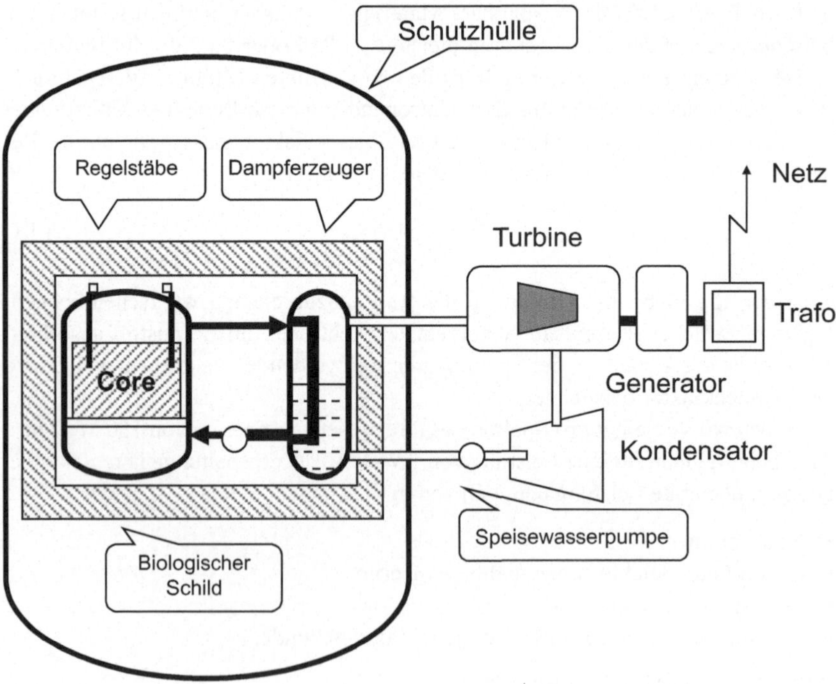

Abb. 3.1 Kernreaktor

Daneben die Flüssigmetallreaktoren als schnelle Brüter. Bei den Wassergekühlten und –moderierten Reaktoren unterscheidet man Druck- und Siedewasserreaktoren.

3.2 Solarenergie

Wenn wir über Solarenergie reden und deren Anwendung, d. h. deren Umwandlung zu nutzbarer Energie zur Strom- oder Wärmeerzeugung, dann meinen wir grundsätzlich zwei Arten, die technisch völlig unterschiedlich sind:

- Solarkraftwerke, die die Wärme der Sonneneinstrahlung nutzen und diese ähnlich wie im Nachlauf klassischer Kraftwerke umwandeln und
- Energieumwandlungsanlagen, die den photoelektrischen Effekt nutzen und ganz anders funktionieren (s. Abb. 3.2).

Bei beiden kommt am Ende Strom heraus.

Solarthermische Kraftwerke erzeugen Strom aus Sonnenwärme. Sie nutzen die in Wärme umgewandelte Sonnenstrahlung zur Stromerzeugung. Sie gewinnen aus der Absorption der Sonnenstrahlen zunächst Wärmeenergie. Die Sonnenstrahlen werden mittels Parabolspiegel auf Rohrsysteme fokussiert, in denen sich eine Flüssigkeit befindet. Durch die Wärmeaufnahme wird Dampf erzeugt, der in einem Kreislauf zum Antrieb von Turbinen genutzt werden kann.

Photovoltaische Energiewandlung geschieht mittels Solarzellen. Diese können zu größeren Einheiten zusammengesetzt werden. Hierbei spielen die atomphysikalischen Prozesse des Photoeffekts die entscheidende Rolle. Man kann

Abb. 3.2 Solarenergie

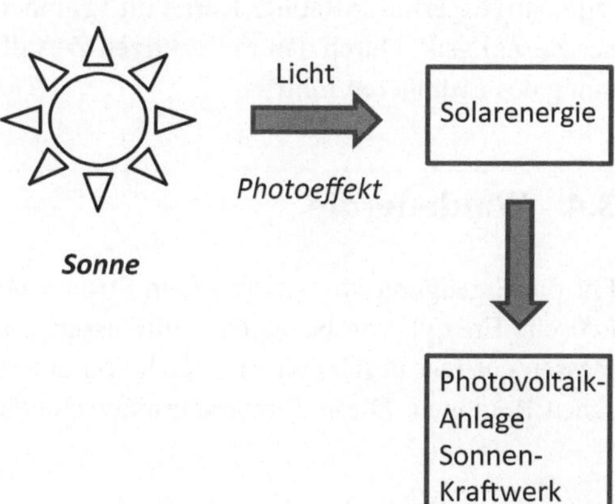

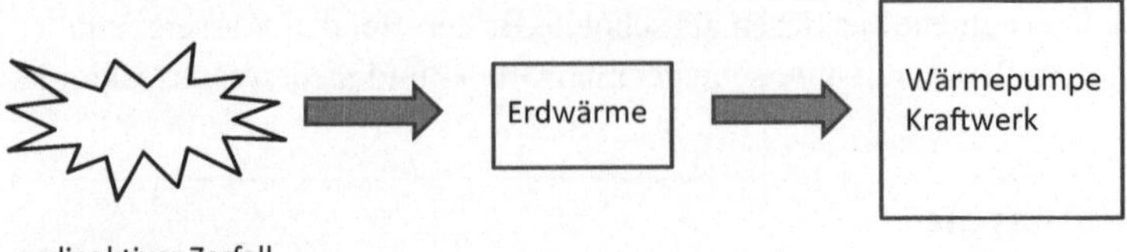

Abb. 3.3 Erdwärme

die gewonnene Elektrizität direkt verwenden, indem man sie entweder ins Netz einspeist oder direkt mit einem Verbrauchsaggregat verbindet oder Akkumulatoren auflädt für spätere Nutzung. Vor der Einspeisung ins Netz muss die erzeugte Gleichspannung in Wechselspannung umgewandelt werden.

3.3 Erdwärme

Für Erdwärme gibt es zwei Hauptanwendungsbereiche:

- den Einsatz einfacher Wärmepumpen für einzelne Gebäude und
- Erdwärme-Kraftwerke.

Technologisch unterscheiden sich diese beiden Anwendungen erheblich. Gemeinsam haben sie jedoch den Energieträger – die Wärme (Temperatur), die im oberen Bereich der Erdkruste zur Verfügung steht (s. Abb. 3.3). Es ist bekannt, dass die Erde selbst eine höhere Temperatur besitzt als sie durch die Sonneneinstrahlung allein haben dürfte (gemeint sind damit in diesem Zusammenhang nicht atmosphärische Effekte, sondern die Temperatur des Erdreichs selbst). Auslöser ist der radioaktive Zerfall instabiler Kerne im Erdinneren. Hier greifen die Naturgesetze der Kernphysik. Durch den radioaktiven Zerfall wird Energie frei, die zur Erwärmung des Erdinneren führt.

3.4 Windenergie

Für die Erzeugung von elektrischem Strom durch Windkraftanlagen wird die kinetische Energie von bewegten Luftmassen genutzt. Die Bewegung dieser Luftmassen entsteht durch den Ausgleich von unterschiedlich erwärmten atmosphärischen Regionen. Diese Temperaturunterschiede entstehen durch ungleichmäßige

Abb. 3.4 Windkraft

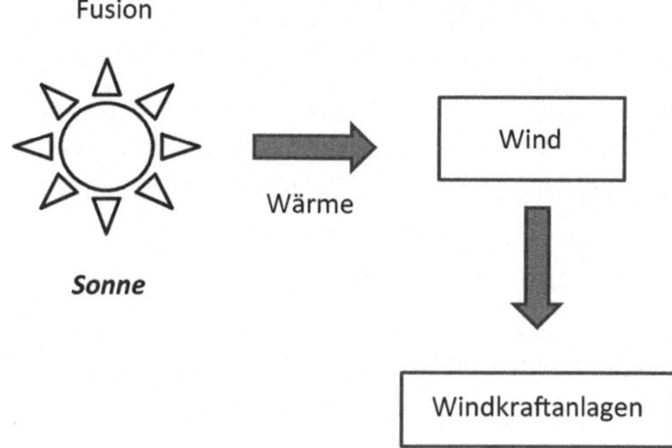

Sonneneinstrahlung auf die Erde. Diese letztere Ungleichmäßigkeit hat unterschiedliche Ursachen:

- Einstrahlwinkel ist abhängig vom Breitengrad.
- Durchlässigkeit der Atmosphäre (Regen, Staub, Nebel, Wolken etc.)
- Lufterwärmung geschieht indirekt: Sonnenstrahlung erwärmt zunächst die Erdoberfläche, die unterschiedlich beschaffen sein kann, die dann wiederum die Luft über ihr.
- Wasserflächen zeigen ein anderes Absorptionsverhalten als etwa sandige oder steinerne Oberflächen.

Hinzu kommt noch der Wechsel zwischen Tag und Nacht.

Sind einmal unterschiedliche Temperaturfelder entstanden und damit Strömungen, unterliegen diese in ihren Richtungen den Effekten der Erdrotation (Corioliskraft). Weiterhin spielen dann auch die auf der Erde vorhandenen Strukturelemente wie Berge, Bewuchs, Gebäude, Küstenformationen eine wichtige Rolle.

Die eigentliche Energieumwandlung geschieht dann durch Windräder (Windkraftanlagen) (s. Abb. 3.4). Die Rotationsenergie des Rotors wird von einem Generator aufgefangen, der nach einer komplexen Umwandlung des ständig variierenden Wechselstroms zunächst über einen Gleichrichter in Gleichstrom, dieser dann wiederum durch einen Wechselrichter erneut in konstanten Wechselstrom umgewandelt wird, bevor er ins Netz eingespeist werden kann.

3.5 Wasserkraft

Wasserkraft wird genutzt durch das Aufstauen von Flüssen, indem man z. B. Staustufen in den Flusslauf baut. Dabei werden Turbinen in die Strömung gebracht, dadurch in Bewegung gesetzt, um über einen Generator Strom zu erzeugen.

Es gibt allerdings daneben noch weitere Arten, wie Wasserkraft eingesetzt werden kann, z. B. in Stauseen. Für die gegenwärtigen Betrachtungen der Energieversorgung spielen hier ganz besonders die Speicherkraftwerke eine Rolle. Speicherkraftwerke sind deshalb im Gespräch, weil sie in gebirgigen Gegenden gebaut werden sollen, um den z. B. an den Küsten über Windkraftanlagen erzeugten Strom in potentielle Energie umzuwandeln.

Um auf den Ursprung der Energie zurückzukommen, die das fließende Wasser mit sich bringt (kinetische Energie durch Gravitation bei Gefälle), ist der Wasserkreislauf auf der Erde zu betrachten. Vereinfacht gesprochen: die Sonne erwärmt die Erde, Wasser verdunstet, sammelt sich in Wolken, die bei bestimmten Konstellationen das Wasser als Regen wieder auf die Erde zurückbringen und daraus unsere Flüsse speisen. Im Detail sieht der Prozess erheblich komplizierter aus. Sowohl bei der Wolkenbildung als auch bei der Bildung von ausreichend schweren Tröpfchen innerhalb einer Wolke, die dann zur Erde fallen, spielen eine Reihe von Faktoren eine Rolle, die an dieser Stelle nicht weiter verfolgt werden sollen: Aerosole, Temperaturgradienten in der Atmosphäre usw.

Es war die Rede von potenzieller Energie in Speicherkraftwerken. Ziel sind hier möglichst große Fallhöhen. Hierzu bedient man sich wiederum der Stauseetechnologie. Man spricht auch von Pumpspeicherkraftwerken, deren Output zur Regulierung eines Stromnetzes verwendet werden kann. Sie können

- ähnlich wie normale Stauseen Turbinen antreiben zur direkten Stromgewinnung oder
- in Zeiten niedriger Last mittels elektrisch angetriebener Pumpen Wasser in höher gelegene Becken verbringen, dessen potentielle Energie später durch Abfluss in das tiefer liegende Becken zum Antrieb von Turbinen genutzt werden kann.

3.6 Wärme- und Verbrennungskraftanlagen

In den Wärme- und Verbrennungskraftanlagen werden fossile Brennstoffe verbrannt. Dabei kann es sich um Kohle, Öl oder Gas handeln. Diese Brennstoffe sind einst durch geologische Prozesse aus organischer Materie entstanden. Organische Materie ihrerseits ist das Ergebnis fotosynthetischer Vorgänge, die durch Sonneneinstrahlung erst möglich gemacht werden (s. Abb. 3.5).

Die Verbrennungsgase übertragen ihre innere Energie an ein geeignetes Medium, das in der Lage ist, eine Kraftmaschine anzutreiben, die ihrerseits wiederum einen Generator antreibt, der die Nutzarbeit in elektrische Energie umwandelt.

Abb. 3.5 Fossile Energie — atomare Prozesse

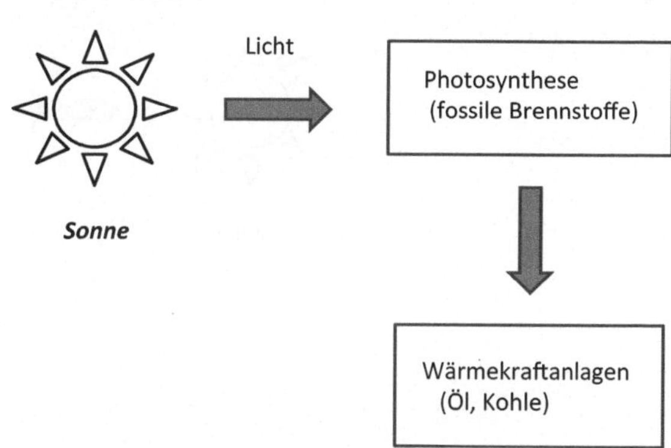

Ganz ähnlich sieht es auch mit anderen Fossilen Energieträgern aus. Zu den Gaskraftwerken gibt es darüber hinaus Folgendes zu sagen:

Es kann sich um ein mit Brenngas befeuertes Dampfkraftwerk handeln. Es gibt allerdings auch Gaskraftwerke, bei denen eine Turbine durch ein anders heißes Gas als Wasserdampf angetrieben wird. Man spricht dann von einem Gasturbinenkraftwerk. Und es gibt so genannte Gas-Dampf-Kombikraftwerke. Die Bezeichnung Gaskraftwerk wird darüber hinaus auch für ein mit Brenngas befeuertes Blockheizkraftwerk gebraucht.

Auch für den fossilen Energieträger Öl gelten dieselben physikalischen Gesetze. Als Großkraftwerke sind sie heute außer Mode gekommen. Eigentlich dient dieser Energieträger nur noch der Notstromversorgung durch Dieselaggregate.

3.7 Biomasse

Es gibt zwei weitere Arten der auf biologischen Stoffen basierenden Energieumwandlung. Dabei geht es zunächst um die Verwendung von Biomasse. Hierbei spielen die Gesichtspunkte der Verbrennungsanlagen, der Verbrennungsprozess selbst und die Versorgung mit Brennstoffen eine Rolle.

Daneben gibt es kleinere Umwandlungsanlagen auf Basis von Biogas. Es handelt sich dabei technologisch um ein vollständig anderes Verfahren. Wir unterscheiden also grundsätzlich zwischen Biomasse und auf Biogas basierenden Installationen.

Abb. 3.6 Biomasse, Biogas   atomare Prozesse

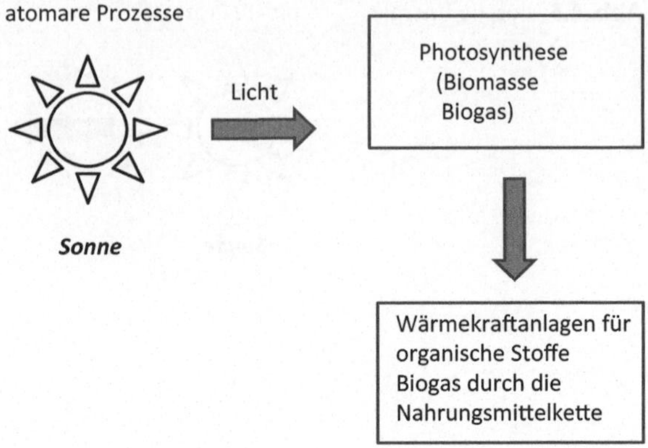

Biomasse ist organisches Material, welches im Gegensatz zu fossilen Brennstoffen sozusagen noch „frisch" ist, z. B. Gemüse(abfälle), Feldfrüchte und Gartenabschnitt, Gehölze, aber auch verbrauchte Speisefette, weiterhin Stroh, diverse Pflanzen- bzw. Fruchtkerne oder Fruchtschalen. All diese Dinge lassen sich energetisch nutzen. Das klassische Beispiel ist die Verbrennung von Trockenholz und dessen Abfälle. Durch die Verfeuerung haben wir es dann mit einer klassischen Verbrennungskraftanlage zu tun. Ähnlich wie bei den fossilen Brennstoffen steht Biomasse am Ende der von der Sonneneinstrahlung ermöglichten Fotosynthese (s. Abb. 3.6).

Das Spektrum an Verbrennungsanlagen ist äußerst vielfältig. Es reicht vom einfachen Kachelofen oder der Pelletheizung bis zur vollautomatischen Holzhackschnitzelfeuerung. Die möglichen Einteilungen der Anlagentypen folgen sehr verschiedenen Kriterien. Neben der Anlagengröße sind dies die eingesetzten Brennstoffe, das Beschickungssystem oder die Feuerungstechnik.

Biogas, auf der anderen Seite, entsteht bei der Verwesung organsicher Stoffe, z. B. aus Pflanzenresten oder Tierkadavern. Solche Nebenprodukte fallen in der Regel in der Landwirtschaft an. Bei der Zersetzung unter Luftabschluss entsteht das brennbare Gas Methan. Auch hier befinden wir uns am Ende der Kette organischer Substanzen. Bei der Verbrennung dieses Gases wird Wärme frei, die zur weiteren energetischen Verwendung genutzt werden kann.

Schluss 4

In diesem Essential wurden zunächst alle bekannten Energieformen auf deren Grundursachen, nämlich atom- und kernphysikalische Prozesse, zurückgeführt. Die physikalischen Grundlagen dazu wurden erarbeitet. Im Anschluss wurden die gängigen Energieformen und deren Umwandlungssystematiken vor diesem Hintergrund behandelt und deren Verkettung mit den ursprünglichen Energiequellen aufgezeigt.

Dieses Essential ist das zweite in einer Reihe von dreien. In einem weiteren Beitrag erfolgt dann eine Zusammenstellung der wichtigsten gängigen technischen Lösungen zur Energie-Umwandlung.

© Springer Fachmedien Wiesbaden 2015
W. Osterhage, *Ursprünge aller Energiequellen*, essentials,
DOI 10.1007/978-3-658-09108-8_4

Was Sie aus diesem Essential mitnehmen können

- Das Verständnis für die Herkunft nutzbarer Energie
- Die Kenntnis atom- und kernphysikalischer Gesetzmäßigkeiten
- Das Wissen um die Verkettung zwischen Primär- und Sekundärenergien

© Springer Fachmedien Wiesbaden 2015
W. Osterhage, *Ursprünge aller Energiequellen,* essentials,
DOI 10.1007/978-3-658-09108-8

Literatur

Bethge K, Walter G, Wiedemann B (2007) Kernphysik: Eine Einführung. Springer, Berlin
Haken H, Wolf HC (2004) Atom- und Quantenphysik: Einführung in die experimentellen
    und theoretischen Grundlagen. Springer, Berlin
Osterhage W (2013) Studium Generale Physik. Springer, Heidelberg

© Springer Fachmedien Wiesbaden 2015
W. Osterhage, *Ursprünge aller Energiequellen,* essentials,
DOI 10.1007/978-3-658-09108-8